高职化工类模块化系列教材

电工电子基础

王 栋 主 编
刘德志 王海燕 副主编

化学工业出版社
·北京·

内容简介

《电工电子基础》借鉴了德国职业教育"双元制"教学的特点,以项目化教学的形式进行编写。本书为适应石油化工技术专业群模块化教学改革的需要,创新性地按照学生认知规律,由简单到复杂设置了基本电路、交流电及三相电路、三相电路的主要设备、模拟电路、数字电路等五个项目。这些项目基本涵盖了电工电子技术的基础知识点,掌握这些知识将为学习后续相关课程和从事电工电子技术工作奠定基础。

本书可作为高职院校化工技术类、机电设备类、自动化类等专业的电工电子技术课程的教学用书,还可作为相关企业在职人员和中级电工的培训教材。

图书在版编目(CIP)数据

电工电子基础/王栋主编;刘德志,王海燕副主编. —北京:化学工业出版社,2023.6
ISBN 978-7-122-43628-3

Ⅰ.①电… Ⅱ.①王… ②刘… ③王… Ⅲ.①电工技术-高等职业教育-教材②电子技术-高等职业教育-教材 Ⅳ.①TM②TN

中国国家版本馆 CIP 数据核字(2023)第 104304 号

责任编辑:王海燕 提 岩 文字编辑:蔡晓雅
责任校对:李 爽 装帧设计:王晓宇

出版发行:化学工业出版社
 (北京市东城区青年湖南街 13 号 邮政编码 100011)
印 装:河北延风印务有限公司
787mm×1092mm 1/16 印张 12½ 字数 293 千字
2024 年 7 月北京第 1 版第 1 次印刷

购书咨询:010-64518888 售后服务:010-64518899
网 址:http://www.cip.com.cn
凡购买本书,如有缺损质量问题,本社销售中心负责调换。

定 价:39.00 元 版权所有 违者必究

高职化工类模块化系列教材
编审委员会名单

顾　　　问：于红军

主 任 委 员：孙士铸

副主任委员：刘德志　辛　晓　陈雪松

委　　　员：李萍萍　李雪梅　王　强　王　红
　　　　　　　韩　宗　刘志刚　李　浩　李玉娟
　　　　　　　张新锋

序

目前，我国高等职业教育已进入高质量发展时期，《国家职业教育改革实施方案》明确提出了"三教"（教师、教材、教法）改革的任务。三者之间，教师是根本，教材是基础，教法是途径。东营职业学院石油化工技术专业群在实施"双高计划"建设过程中，结合"三教"改革进行了一系列思考与实践，具体包括以下几方面：

1. 进行模块化课程体系改造

坚持立德树人，基于国家专业教学标准和职业标准，围绕提升教学质量和师资综合能力，以学生综合职业能力提升、职业岗位胜任力培养为前提，持续提高学生可持续发展和全面发展能力。将德国化工工艺员职业标准进行本土化落地，根据职业岗位工作过程的特征和要求整合课程要素，专业群公共课程与专业课程相融合，系统设计课程内容和编排知识点与技能点的组合方式，形成职业通识教育课程、职业岗位基础课程、职业岗位课程、职业技能等级证书（1＋X 证书）课程、职业素质与拓展课程、职业岗位实习课程等融理论教学与实践教学于一体的模块化课程体系。

2. 开发模块化系列教材

结合企业岗位工作过程，在教材内容上突出应用性与实践性，围绕职业能力要求重构知识点与技能点，关注技术发展带来的学习内容和学习方式的变化；结合国家职业教育专业教学资源库建设，不断完善教材形态，对经典的纸质教材进行数字化教学资源配套，形成"纸质教材＋数字化资源"的新形态一体化教材体系；开展以在线开放课程为代表的数字课程建设，不断满足"互联网＋职业教育"的新需求。

3. 实施理实一体化教学

组建结构化课程教学师资团队，把"学以致用"作为课堂教学的起点，以理实一体化实训场所为主，广泛采用案例教学、现场教学、项目教学、讨论式教学等行动导向教学法。教师通过知识传授和技能培养，在真实或仿真的环境中进行教学，引导学生将有用的知识和技能通过反复学习、模仿、练习、实践，实现"做中学、学中做、边做边学、边学边做"，使学生将最新、最能满足企业需要的知识、能力和素养吸收、固化成为自己的学习所得，内化于心、外化于行。

本次高职化工类模块化系列教材的开发，由职教专家、企业一线技术人员、专业教师联合组建系列教材编委会，进而确定每本教材的编写工作组，实施主编负责制，结合化工行业企业工作岗位的职责与操作规范要求，重新梳理知识点与技能点，把职业岗位工作过程与教学内容相结合，进行模块化设计，将课程内容按知识、能力和素质，编排为合理的课程模块。

本套系列教材的编写特点在于以学生职业能力发展为主线，系统规划了不同阶段化工类专业培养对学生的知识与技能、过程与方法、情感态度与价值观等方面的要求，体现了专业教学内容与岗位资格相适应、教学要求与学习兴趣培养相结合，基于实训教学条件建设将理论教学与实践操作真正融合。教材体现了学思结合、知行合一、因材施教，授课教师在完成基本教学要求的情况下，也可结合实际情况增加授课内容的深度和广度。

本套系列教材的内容，适合高职学生的认知特点和个性发展，可满足高职化工类专业学生不同学段的教学需要。

高职化工类模块化系列教材编委会

前言

目前，我国高等职业教育已进入高质量发展的时期，《国家职业教育改革实施方案》明确提出了"三教"改革的任务。2019年，教育部、财政部联合发布《关于实施中国特色高水平高职学校和专业建设计划的意见》，提出到2035年，建设一批高水平高职院校和专业群，加快职业教育现代化进程，为建设现代化国家、增强国家综合实力培养优秀技术技能型人才，并在全国遴选50个高职学校和150个专业群作为试点。我校石油化工技术专业群作为第一批"双高"专业群试点，按照"三教"改革要求，在模块化课程改造、开发模块化教材等方面积极探索与实践。

电工电子基础是石油化工技术专业群职业岗位基础课程，为适应石油化工技术专业群模块化教学改革需要，我们编写了本书。本课程的主要任务：学会利用电工测量仪表测量电路的电压、电位和电流等技术参数，并学会分析计算电路的技术参数；熟悉电路中的电气设备、元件，并学会连接电路；熟练应用三相电路，会计算及测量三相电路的功率；掌握变压器、电动机等电气设备的使用及连接方法，并会分析故障原因；学会分析和应用负反馈放大电路、功率放大电路、集成运算放大器和直流稳压电源；学会分析和应用集成门电路、典型的组合逻辑电路和时序逻辑电路。

本书围绕职业能力要求重构知识点与技能点，关注技术发展带来的学习内容与方式的变化，按照学生的一般认识规律由浅入深，分项目以任务的形式进行编写。结合企业岗位工作过程和校内实训条件，在内容上突出应用性、实践性和可操作性，真正做到工学结合、理实一体、从学中做、从做中学。

本书在编写方法上，改变了过去教材编写所片面追求的"系统性、全面性、重理论、轻实践"等旧模式，采用项目式教学的教材内容和教学方法。理论知识围绕实训内容教学模块的需求，有针对性地进行选取和设置。共编写了5个项目：基本电路、交流电及三相电路、三相电路的主要设备、模拟电路、数字电路。教材配合课程教学，通过开展实训任务使学生在实际练习中掌握和巩固电工电子基础理论，提升专业理论知识的综合运用能力。

本书可作为高职院校化工技术类、机电设备类、自动化类等专业的电工电子基础课程的教学用书，还可作为相关企业在职人员和中级电工的培训教材。

本书由东营职业学院王栋主编，东营职业学院刘德志、王海燕副主编。项目一由刘德志和山东金宇杭萧装配建筑有限公司辛举升编写，项目二和项目三由王栋编写，项目四由山东科技职业学院王雪和华泰化工集团陈洪详编写，项目五由王雪和东营市建筑设计研究院有限公司郭旭彬编写，王海燕参与编写工作并负责统稿。全书由东营职业学院郭婵主审。

由于编者水平所限和时间仓促，书中可能存在不妥之处，敬请批评指正。

编者
2024年3月

目录

项目一
基本电路　　/ 001

　　任务一　测量电路的电压和电位　　/ 002
　　　　一、简单电路　　/ 002
　　　　二、电位、电压和电动势　　/ 004
　　　　三、基尔霍夫定律　　/ 005
　　　　四、数字万用表　　/ 007
　　　　五、用万用表测量电路的电位、电压　　/ 009
　　任务二　测量电路的电流　　/ 012
　　　　一、电路中的电流　　/ 012
　　　　二、电路的参考方向　　/ 013
　　　　三、电路的工作状态　　/ 014
　　　　四、电功和电功率　　/ 015
　　　　五、测量电路的电流　　/ 017

项目二
交流电及三相电路　　/ 021

　　任务一　认知正弦交流电路　　/ 022
　　　　一、正弦交流电的基本概念　　/ 022
　　　　二、提高正弦交流电路中的功率及功率因数的措施　　/ 024
　　　　三、日光灯电路的连接与功率因数的提高　　/ 027
　　任务二　认知三相电路　　/ 030
　　　　一、三相电源　　/ 031
　　　　二、三相电路及主要技术参数　　/ 034
　　　　三、测量及计算负载星形连接三相电路的技术参数　　/ 038
　　　　四、测量及计算负载三角形连接三相电路的技术参数　　/ 039

五、计算及测量三相电路的功率　　/ 041

项目三
三相电路的主要设备　　/ 045

任务一　认知磁路　　/ 046
一、磁路的基本物理量　　/ 047
二、磁路的基本定律　　/ 048
三、电磁铁　　/ 050

任务二　认知变压器　　/ 053
一、变压器的种类及基本构造　　/ 053
二、变压器的工作原理　　/ 054
三、变压器的外特性、功率和效率　　/ 058

任务三　认知电动机　　/ 062
一、电动机的基本原理　　/ 063
二、三相异步电动机的构造　　/ 065
三、认知电动机型号参数　　/ 067
四、电动机的启动与调速方法　　/ 068
五、三相笼型异步电动机的使用　　/ 069
六、三相笼型异步电动机点动和自锁控制　　/ 073

项目四
模拟电路　　/ 079

任务一　识别与测试常用半导体器件　　/ 080
一、半导体的基础知识　　/ 080
二、二极管　　/ 083
三、三极管　　/ 086

任务二　认知基本放大电路　　/ 091
一、基本共射放大电路　　/ 091
二、分压式偏置放大电路　　/ 096

三、共集电极放大电路——射极输出器　/ 100

任务三　测试负反馈放大电路的性能　/ 104

一、多级放大器　/ 104

二、负反馈放大电路　/ 106

任务四　认知互补对称功率放大电路　/ 110

一、功率放大电路的工作状态　/ 110

二、OCL 互补对称功率放大电路　/ 111

三、OTL 互补对称功率放大电路　/ 113

任务五　用集成运算放大器设计实现运算电路　/ 116

一、集成运算放大器　/ 116

二、用集成运算放大器设计实现线性运算电路　/ 119

三、用集成运算放大器设计实现非线性运算电路　/ 125

任务六　认知直流稳压电源　/ 128

一、整流电路　/ 128

二、滤波电路　/ 131

三、分析及测试常见的稳压电路　/ 133

四、测试及应用集成稳压器　/ 137

项目五
数字电路　/ 141

任务一　认知逻辑门电路　/ 142

一、数制和码制　/ 142

二、数字电路的分类及特点　/ 144

三、逻辑函数　/ 145

四、集成门电路　/ 150

任务二　认知组合逻辑电路　/ 153

一、组合电路的分析和设计步骤　/ 153

二、设计并测试表决电路　/ 154

三、编码器及译码器　/ 155

四、数码显示器　/ 159

任务三　认知及应用时序逻辑电路　/ 162

一、时序逻辑电路　/ 162

二、触发器　　/ 164
　　三、计数器　　/ 171
　　四、寄存器　　/ 176
　任务四　认知及应用555定时器　　/ 180
　　一、555定时器　　/ 180
　　二、设计单稳态触发器　　/ 181
　　三、设计施密特触发器　　/ 183
　　四、设计多谐振荡器　　/ 185

参考文献　　/ 188

项目一 基本电路

应知

（1）掌握简单电路的组成、种类、功能及电路模型；
（2）掌握电压、电位和电动势；
（3）熟悉基本电路术语和基尔霍夫定律；
（4）掌握数字万用表的使用方法；
（5）掌握电流、电路参考方向、电路工作状态等知识；
（6）掌握电功及电功率的计算方法；
（7）熟悉直流串联电路及并联电路的特点。

应会

（1）会识别电路基本元件；
（2）会测量计算电路的电位和电压；
（3）会测量电路的电流；
（4）能应用基尔霍夫定律分析电路；
（5）能熟练利用万用表对电路的参数进行测量。

项目导言

随着生活水平的提高，越来越多的家用电器进入了人们的家庭，如电视机、电灯、电冰箱、电饭煲、洗衣机等，这些家用电器中都含有简单或复杂的电路。随着科技的发展，工厂的生产已实现电气化、数字化、智能化，工厂的供电设备、电动机、控制设备等都含有简单或复杂的电路。要使用这些电器、设备，需要掌握电路的知识。我们先学习简单电路的知识，随着学习和实践，再逐步认识复杂电路。

我们常用的手机充电器输入 220V，输出 5V，这里所说的输入值和输出值就是电压。下面我们首先来学习怎样测量电路的电压和电位。

任务一
测量电路的电压和电位

任务描述

电子设备都是由许多电子元器件构成的,这些电子元器件的组合组成了电路。在电路中不同的点有相应的电位值,不同的点之间有电位差,电位差也称电压。设备在正常工作时,其电路中不同的点的电位值是固定的,学会分析和测量电路的电位和电压可以判断电路的工作情况及电子元器件的情况。我们通过了解简单电路,了解电路中的电位、电压和电动势,了解基尔霍夫定律,掌握数字万用表的使用方法,学会用万用表测量电路的电压和电位,并学会通过理论进行分析计算。

一、简单电路

手电筒是生活中常用的简单电器,如图 1-1(a)所示。我们知道手电筒是由电池、灯泡、开关及导线等电子元器件组成的。将这些电子元器件连接起来就组成了手电筒实体电路,如图 1-1(b)所示。闭合开关,电路中就有电流流过,灯泡就亮了;当开关断开时,电路中没有电流流过,灯泡不亮。

(a) 实物图 (b) 实体电路

图 1-1 手电筒

1. 电路的基本组成

在图 1-1(b) 中,电池作电源,灯泡作负载,导线和开关作为中间环节。在实际应用中，手机电路、计算机电路、电视机电路、电冰箱电路等是较为复杂的电路，是由各种实体部件（如电源、电阻器、电感线圈、电容器、变压器、仪表、二极管、三极管、空气开关等）组成的。

每一种电路实体部件具有各自不同的电磁特性和功能，按照人们的需要，把相关电路实体部件按一定方式进行组合，就构成了电路。

对这些实体部件在电路中承担的功能进行分析，有些承担电源的功能，有些承担负载的功能，有些承担中间环节的功能。所以说不管简单还是复杂，电路的组成都离不开三个基本环节：电源、负载和中间环节（导线、开关）。

2. 电路的种类

工程应用中的实际电路，按照功能的不同可概括为两大类：

一是完成能量的传输、分配和转换的电路。如家中的照明电路，电能传递给灯，灯将电能转化为光能和热能。这类电路的特点是大功率、大电流。

二是实现对电信号的传递、变换、储存和处理的电路。如图 1-2 所示扩音机电路，在该电路中，话筒将声音的振动信号转换为电信号即相应的电压和电流，经放大器对电信号放大后，再由扬声器将电信号还原为声音。这类电路的特点是小功率、小电流。

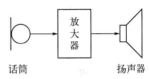

图 1-2 扩音机电路

3. 理想电路元件

在电路中，有些器件的电特性是相当复杂的，为了便于对电路进行分析，可将电路实体中的各种电气设备和元器件用一些能够表征它们主要电磁特性的"模型"来代替，而对它的实际结构、材料、形状等非电磁特性不予考虑。将实际电路器件理想化而得到的只具有某种单一电磁性质的元件称为理想电路元件。常用理想电路元件及符号见表 1-1。

表 1-1 理想电路元件及符号

名称	符号	名称	符号
电阻	─□─	电压表	─Ⓥ─
电池	─┤├─	接地	⏚ 或 ⊥
电灯	─⊗─	熔断器	─□─
开关	─/─	电容	─┤├─
电流表	─Ⓐ─	电感	─⌒⌒⌒─

4. 电路模型

由理想电路元件相互连接组成的电路称为电路模型。例如，在图 1-1（b）所示电路中，电池对外提供电压的同时，内部也有电阻消耗能量，所以电池用其电动势 U_S 表示；灯泡除了具有消耗电能的性质（电阻性）外，通电时还会产生磁场，具有电感性，但电感微弱，可忽略不计。于是可认为灯泡是一电阻元件，用 R_L 表示，于是就得到图 1-3 的电路模型。

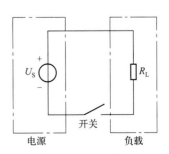

图 1-3 手电筒照明电路的电路模型

在电路理论中，为了方便实际电路的分析和计算，通常在工程实际允许的条件下对实际电路进行模型化处理。本书中，如无特别说明，我们所分析的电路都是电路模型。

二、电位、电压和电动势

1. 电压

电压的定义：U_{ab} 在数值上等于单位电荷受电场力把电荷由 a 点移动到 b 点所做的功 W_{ab} 点与被移动电荷电荷量 q 的比值，则电压定义式表示为

$$U_{ab}=\frac{W_{ab}}{q} \tag{1-1}$$

式中，q 为由 a 点移动到 b 点的电荷量；W_{ab} 为电场力将 q 由 a 点移到 b 点所做的功；U_{ab} 为 a、b 两点间的电压。

电荷量在国际单位制中的主单位为库仑，用符号 C 表示。功在国际单位制中的主单位为焦耳，简称焦，用符号 J 表示。电压在国际单位制中的主单位是伏特，简称伏，用符号 V 表示。强电压常用千伏（kV）为单位，弱电压的单位可以为毫伏（mV）或微伏（μV）。它们之间的换算关系为

$$1kV=10^3V=10^6mV=10^9\mu V$$

2. 电位

正电荷在电路中某点所具有的能量与电荷所带电量的比值称为该点的电位。如果用符号 V_a 表示 a 点电位，V_b 表示 b 点电位，若选取 a 点为参考点，即 $V_a=0$，则 $V_b<0$；若选取 b 点为参考点，即 $V_b=0$，则 $V_a>0$。但不论如何选取参考点，a 点电位永远高于 b 点电位。

由此可见，电场力对正电荷做功的方向就是电位降低的方向。因此，规定电压的方向由高电位到低电位，即电位降低的方向。电压的方向可以用高电位到低电位的箭头表示，也可以用高电位标"+"、低电位标"−"来表示。

电路中电压大小的计算：在电路中 a、b 两点间的电压等于 a、b 两点间的电位之差，即

$$U_{ab}=V_a-V_b \tag{1-2}$$

两点间的电压也称为两点间电位差。在电路计算时，事先无法确定电压的真实方向，通常事先选定参考方向，用"+""−"标在电路图中。如果电压的计算结果为正值，那么电压的真实方向与参考方向一致；如果计算结果为负值，那么电压的真实方向与参考方向相反。

【例 1-1】 在电场中有 a、b、c 三点，某电荷电荷量 $q=5\times10^{-2}$C，电荷由 a 点移动到 b 点电场力做功 2J，电荷由 b 点移动到 c 点电场力做功 3J，以 b 点为参考点，试求 a 点和 c 点电位。

解：以 b 点为参考点，则 $V_b=0$V，根据电压定义式有

$$U_{ab}=\frac{W_{ab}}{q}=\frac{2}{5\times10^{-2}}=40(V)$$

又因为

$$U_{ab}=V_a-V_b$$

则

$$V_a=40V$$

同理

$$U_{bc}=\frac{W_{bc}}{q}=\frac{3}{5\times10^{-2}}=60(V)$$

$$U_{bc}=V_b-V_c \quad 0-V_c=60 \quad V_c=-60V$$

3. 电动势

电动势是用来表征电源生产电能本领大小的物理量。在电源内部，把正电荷从低电位点（负极板）移动到高电位点（正极板）反抗电场力所做的功与被移动电荷的电荷量之比，叫作电源的电动势。电源电动势定义式为

$$E = \frac{W}{q} \tag{1-3}$$

式中，W 为电源力移动正电荷所做的功，单位为 J；q 为电源力移动的电荷量，单位为 C；E 为电源电动势，单位为 V。

电源电动势的方向规定为由电源的负极（低电位点）指向正极（高电位电）。在电源内部电路中，电源力移动正电荷形成电流，电流的方向是从负极指向正极；在电源外部电路中，电场力移动正电荷形成电流，电流方向是从电源正极流向电源负极。

三、基尔霍夫定律

在图1-3中，从电源的正极到负载，再到开关，最后到电源的负极，该电路是由一个回路组成的，我们可以用初中的物理知识来分析电路中的电流和电压。但大多数电路由多个回路组成，如图1-4所示，我们怎样来分析电路中的电流和电压等物理量呢，下面我们首先来学习基本电路术语。

1. 基本电路术语

基尔霍夫定律是与电路结构有关的定律，在研究基尔霍夫定律之前，先介绍几个有关的常用电路术语。

（1）支路。任意两个节点之间无分叉的分支电路称为支路，如图1-4中的 $bafe$ 支路、be 支路、$bcde$ 支路。

（2）节点。电路中，三条或三条以上支路的交会点称为节点，如图1-4中的 b 点、e 点。

（3）回路。电路中由若干条支路构成的任一闭合路径称为回路，如图1-4中的 $abefa$ 回路、$bcdeb$ 回路、$abcdefa$ 回路。

（4）网孔。不包围任何支路的单孔回路称网孔，图1-4中 $abefa$ 回路和 $bcdeb$ 回路都是网孔，而 $abcdefa$ 回路则不是网孔。网孔一定是回路，而回路不一定是网孔。

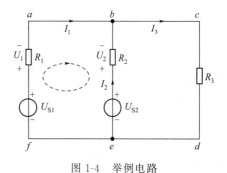

图1-4 举例电路

2. 基尔霍夫电流定律

在图1-4电路中，电流从电源正极出发，流到 b 点分叉了，接下来电流怎样流动呢？基尔霍夫电流定律（KCL）揭示了电流在电路分叉点流动的规律，它反映了电路中任意节点上各支路电流之间的关系。

其内容为：对于任何电路中的任意节点，在任意时刻，流过该节点的电流之和恒等于零。其数学表达式为

$$\sum I = 0 \tag{1-4}$$

如果选定电流流出节点为正，流入节点为负，以图1-4的 b 节点为例，有

$$-I_1-I_2+I_3=0$$

变换得
$$I_1+I_2=I_3$$

所以，基尔霍夫电流定律还可以表述为：对于电路中的任意节点，在任意时刻，流入该节点的电流总和等于从该节点流出的电流总和。即

$$\sum I_i = \sum I_o \qquad (1-5)$$

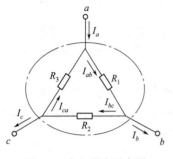

图1-5 广义节点示意图

KCL不仅适用于电路中的任一节点，也可推广应用于广义节点，即包围部分电路的任一闭合面。可以证明，流入或流出任一闭合面电流的代数和为0。如图1-5中，对于虚线所包围的闭合面，可以证明有如下关系

$$-I_a+I_b+I_c=0 \qquad (1-6)$$

基尔霍夫电流定律是电路中连接到任一节点的各支路电流必须遵守的约束，而与各支路上的元件性质无关。这一定律对于任何电路都普遍适用。

3. 基尔霍夫电压定律

在图1-4所示电路中，通过分析可知，该电路包括$abefa$回路、$bcdeb$回路、$abcdefa$回路，在这些回路中电压的关系是怎样的呢？基尔霍夫电压定律（KVL）揭示了各支路电压之间的关系。

其内容为：对于任何电路中的任一回路，在任一时刻，沿着一定的循行方向（顺时针方向或逆时针方向）绕行一周，各段电压的代数和恒为零。其数学表达式为

$$\sum U = 0 \qquad (1-7)$$

如图1-4所示闭合回路，沿$abefa$顺序绕行一周，电压的方向与选定的回路方向一致，前面为正，反之为负，则有

$$-U_{S1}+U_1-U_2+U_{S2}=0 \qquad (1-8)$$

式中，U_{S1}按回路方向由电源负极到正极，电压与循行方向相反，所以为负；U_2的参考方向与I_2相同，与循行方向相反，所以也为负。U_1和U_{S2}与循行方向相同，则为正。当然，各电压本身还存在数值的正负问题，这是需要注意的。

由于$U_1=R_1I_1$和$U_2=R_2I_2$，代入式(1-8)有

$$-U_{S1}+R_1I_1-R_2I_2+U_{S2}=0 \text{ 或 } R_1I_1-R_2I_2=U_{S1}-U_{S2}$$

这时，基尔霍夫电压定律可表述为：对于电路中任一回路，在任一时刻，沿着一定的循行方向（顺时针方向或逆时针方向）绕行一周，电阻元件上电压降之和恒等于电源电压升之和。其表达式为

$$\sum U_{R_i} = \sum E_S \qquad (1-9)$$

式中，E_S表示电源电动势，方向从负极到正极。按式(1-9)列回路电压平衡方程式时，当绕行方向与电流方向一致时，则该电阻上的电压取"+"，否则取"-"；当从电源负极循行到正极时，该电源参数取"+"，否则取"-"。

应用KVL时，首先要标出电路各部分的电流、电压或电动势的参考方向。列电压方程时，一般约定电阻的电流方向和电压方向一致。

KVL不仅适用于闭合电路，也可推广到开口电路。在图1-6所

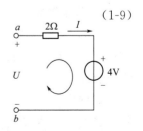

图1-6 开口电路示意图

示电路中，有

$$U = 2I - 4$$

【例 1-2】 在图 1-7 所示电路中，$I_1 = 3\text{mA}$，$I_2 = 1\text{mA}$。试确定电路元件 Z 中的电流 I_3 和其两端电压 U_{ab}，并说明它是电源还是负载。

解：根据 KCL，对于节点 a 有 $I_1 - I_2 + I_3 = 0$
代入数值得

$$(3-1) + I_3 = 0；\quad I_3 = -2\text{mA}$$

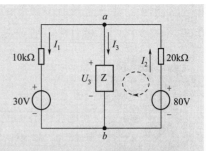

图 1-7 【例 1-2】题电路图

电流方向为从 b 到 a，电压方向为从 a 到 b，实际电压方向与电流方向相反，是产生功率的元件，即是电源。

根据 KVL 和图 1-7 右侧网孔所示绕行方向，可列写回路的电压平衡方程式为

$$-U_{ab} - 20I_2 + 80 = 0$$

代入 $I_2 = 1\text{mA}$ 数值，得 $U_{ab} = 60\text{V}$

显然，元件 Z 两端电压和流过它的电流实际方向相反，是消耗功率的元件。

四、数字万用表

生产和生活中，在测量电路的电压、电阻时，我们通常会用到万用表，它是一种多功能、多量程的测量仪表。万用表可测量电流、电压、电阻和音频电平等，有的万用表还可以测量电容量、电感量及半导体元件的一些参数。万用表分指针万用表和数字万用表，目前最常用的万用表是数字万用表。数字万用表相对来说，属于比较简单的测量仪器，见图 1-8。

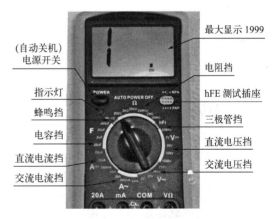

图 1-8 数字万用表外观图

1. 使用万用表的注意事项

（1）在使用万用表的过程中，不能用手去接触表笔的金属部分，这样可以保证测量的准确，也可以保证人身安全。

（2）在测量某一电量时，不能在测量的同时换挡，尤其是在测量高电压或大电流时，更应注意。否则，会使万用表毁坏。如需换挡，应先断开表笔，换挡后再去测量。

（3）万用表在使用时，必须水平放置，以免造成误差。同时还要注意避免外界磁场对万用表的影响。

（4）万用表使用完毕，应将转换开关置于 OFF 位置，关闭万用表。如果长期不使用，还应将万用表内部的电池取出来，以免电池腐蚀表内其它器件。

2. 万用表二极管挡的使用

首先我们学习一个最简单的二极管挡。把万用表的旋钮旋转到二极管标识符所处的位

置，然后把两表笔短接，会听到蜂鸣器发出响声，这说明该挡可以正常使用，另外可以确定两表笔之间的电阻为零。我们可以用该挡测量二极管的压降，在测量的时候把红表笔放在二极管的阳极，黑表笔放在二极管的阴极，在显示屏上可以直接显示出压降数值。此外，利用该挡还可以判断二极管是硅管还是锗管，以及二极管是否损坏。

3. 万用表电阻挡的使用

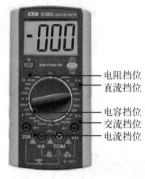

在万用表上有一个 Ω 符号，表示测量电阻挡。在测量时，首先应判断所选电阻大小，然后再选择合适的量程。如，我们选用 1kΩ 电阻进行试验，所以选择 2kΩ 挡，然后在显示屏上直接读出数值。由于电阻没有正负之分，所以，红黑表笔连在电阻两侧即可，不分正负，见图 1-9。

4. 万用表三极管挡的使用

万用表的 hFE 挡位是测量三极管放大倍数的挡位，一般有两种插孔，一种是 NPN，另一种为 PNP。我们在测量之前一定要分清所测三极管是 NPN 型还是 PNP 型。三极管有三个引脚，

图 1-9　万用表挡位示意图

每个引脚的功能都不一样，所以要分清引脚，按照引脚名称正确地插入测量插孔，在显示屏上可以读出三极管的放大倍数。

5. 万用表电压挡的使用

电压挡分为直流电压挡和交流电压挡。在测量之前我们首先应该明确测量的是交流电压还是直流电压，从而在万用表上正确选择挡位。选择挡位后，还要选择合适量程。如果在测量之前不知道所要测量的电压是多少，这时候一定要选择量程最大的挡位。以我们家庭常用的电器为例，两相插排电压为 220V 交流电，电脑 USB 插口输出电压为 5V 直流电。用万用表测量干电池的直流电压见图 1-10，用万用表测量插排的交流电压见图 1-11。

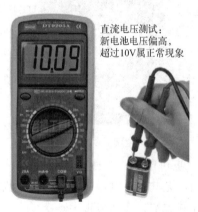

图 1-10　测量直流电压示意图　　　　　　图 1-11　测量交流电压示意图

6. 万用表电容挡的使用

有时候我们还会用万用表测量电容，第一步先确定电容大小选择万用表量程，选择之后，把表笔放在电容两端，不用分正负极，若是极性电容也可直接测量（不用区分正负极），在显示屏上可以直接读出此时的电容大小。此外需要注意，在测量电容的时候需要把红表笔插在标注"mA"的插孔上。

7. 万用表测电流

使用万用表电流挡测量电流时，应将万用表串联在被测电路中，使流过电流表的电流与被测支路电流相同。测量前，要选择合适的量程挡位，见图1-12。要根据所测电流的大小，将表笔插入合适的插孔，见图1-13。测量时，应断开被测支路，将万用表红、黑表笔串接在被断开的两点之间。

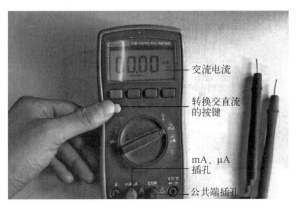

图1-12 万用表测电流量程选择示意图

在测量电流时，若使用mA挡进行测量，须把万用表黑表笔插在COM孔上，把红表笔插在mA挡上，如右图方框所示

若使用10A挡进行测量，则黑表笔不变，仍插在COM孔上，而把红表笔拔出插到10A孔上，如左图方框所示

图1-13 万用表表笔插孔示意图

特别注意：电流表不能并联接在被测电路中。因为万用表作为电流表使用时内阻是非常小的，若将万用表并联接在被测电路中，会造成短路，极易烧毁万用表，这样做是很危险的。

五、用万用表测量电路的电位、电压

在掌握以上知识后，我们就可以运用这些知识，在生产中或生活中测量直流电路的电压和电位，进而根据测量的结果，分析电路是否正常或分析故障原因。接下来我们通过一个实训，来实现用万用表测量电路中的电位和电压，并对测量的结果进行分析。这个实训要用一些专业的器材，学习者可以准备相关器材，按照实训要求去完成。初学者最好在教师的指导下在专业实训室完成。

1. 实训器材

实训所需器材见表1-2。

表 1-2 用万用表测量电路的电位、电压所需器材一览表

序号	名称	型号与规格	数量	备注
1	直流可调稳压电源	0~30V	2 路	—
2	万用表	MY60	1 只	自备
3	电阻	510Ω	2 个	DDZ❶-11
4	电阻	510Ω、1kΩ	各 1 个	
5	导线	铜线	若干	

2. 测量步骤

步骤 1：按图 1-14 接线。

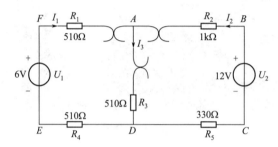

图 1-14 实训线路图

步骤 2：分别将两路直流稳压电源接入电路，令 $U_1=6\text{V}, U_2=12\text{V}$（先调准输出电压值，再接入实训线路中）。

步骤 3：以图 1-14 的 A 点作为电位的参考点，分别测量 B、C、D、E、F 各点的电位值 V 及相邻两点之间的电压值 U_{AB}、U_{BC}、U_{CD}、U_{DE}、U_{EF} 及 U_{FA}，将测量数据列于表 1-3 中。

步骤 4：以 D 点作为参考点，重复步骤 3 的测量，将测量数据列于表 1-3 中（数值保留到小数点后两位）。

表 1-3 测量数据记录表

电位参考点	V 与 U	V_A	V_B	V_C	V_D	V_E	V_F	U_{AB}	U_{BC}	U_{CD}	U_{DE}	U_{EF}	U_{FA}
A	计算值	—											
	测量值												
D	计算值				—								
	测量值												

注："计算值"一栏，$U_{AB}=V_A-V_B$，$U_{BC}=V_B-V_C$，以此类推。

3. 安全注意事项

(1) 本实训线路系多个实训通用，实训中不使用电流插头和插座。实训箱上的开关 k_3 应拨向 330Ω 侧，D 和 D' 用导线连接起来，三个故障按键均不得按下。

---

❶ DDZ 是指由浙江天煌科技实业有限公司开发的 THETDD 型电工电子技术实训装置的实训模块，本书中凡涉及"DDZ"均与此相同。另外，本书中凡涉及"实训台上"均指 THETDD 型电工电子技术实训装置。本书后文与此相同内容，不再一一注释。

(2) 测量电位时，用数字直流电压表测量时，用负表棒（黑色）接参考电位点，用正表棒（红色）接被测各点。若数显表显示正值，则表明该点电位为正（即高于参考点电位）；若数显表显示负值，则表明该点电位为负（即低于参考点电位）。

4. 结果分析

通过实训，我们会发现以下情况：

（1）不同的测量者，采用不同的仪器，测量结果可能不同，这是由于人为或仪器的测量误差造成的。在技术测量中应尽量减小测量误差。

（2）实际测量值和计算值不一致，这说明实际测量值和理论计算值是存在误差的，在工程技术上应不断提高测量技术，减小测量误差。

5. 整理整顿[❶]

（1）完成实训后，对元件、物品进行整理，将所有物品放到指定的位置。

（2）完成实训后，清扫整理实训装置和实训室，保持仪器、设备、环境的清洁有序。

以上两点，是为了让大家养成良好的职业习惯并培养劳动习惯。随着社会的发展进步，企业管理越来越规范，现代企业都已经实行"6S"管理，即整理（seiri）、整顿（seiton）、清扫（seiso）、清洁（seiketsu）、素养（shitsuke）、安全（security），所以我们应从每一个实训做起，养成良好的职业习惯，为适应未来的工作做好准备。

结果分析和整理整顿是每一个实训的重要环节，篇幅所限，在后续实训中，关于结果分析和整理整顿的要求不再展开叙述。

思考练习

（1）总结直流电路中电位的测量方法。

（2）总结直流电路中电压的测量方法。

[❶] 整理整顿，是完成实训后必须进行的重要环节。后面的实训，要求与此相同。篇幅所限，不再重述。

任务二 测量电路的电流

任务描述

通过对任务一的学习,我们知道了设备在正常工作时,电路中不同的点的电位值是固定的。实际上,设备在正常工作时,在电路中不同的支路还应有相应的电流值。学会分析计算和测量电路的电流也是我们判断电路的工作情况及电子元器件情况所必须掌握的技能。接下来,我们将通过认知电路中的电流、电路的参考方向、电路的工作状态,掌握电功和电功率的计算方法,熟悉串联电路、并联电路的特点,从而学会用万用表测量电路的电流,并学会分析计算电路的电功和电功率。

一、电路中的电流

1. 电流的基本概念

电路中电荷沿着导体定向运动形成电流,其方向规定为正电荷流动的方向,其大小等于在单位时间内通过导体横截面的电量,称为电流强度(简称电流),用符号 i 或 $i(t)$ 表示,一般可用符号 i。

设在 $\Delta t = t_2 - t_1$ 时间内,通过导体横截面的电荷量为 $\Delta q = q_2 - q_1$,则在 Δt 时间内的电流可表示为

$$i(t) = \frac{\Delta q}{\Delta t} \tag{1-10}$$

式中,$i(t)$ 的单位为安培,简称安,表示符号为 A;Δt 为很小的时间间隔,单位为秒,表示符号为 s;Δq 的单位为库仑,简称库,表示符号为 C。

常用的电流单位还有毫安(mA)、微安(μA)、千安(kA)等,它们之间的换算关系为

$$1\text{kA} = 10^3 \text{A} = 10^6 \text{mA} = 10^9 \mu\text{A}$$

2. 直流电流

如果电流的大小及方向都不随时间变化,即在单位时间内通过导体横截面的电量相等,

则称之为稳恒电流或恒定电流，简称为直流电流（direct current），记为 DC 或 dc。直流电流用大写字母 I 表示。

$$I = \frac{\Delta q}{\Delta t} = \frac{Q}{t} = 常数$$

直流电流 I 与时间 t 的关系在 I-t 坐标系中为一条与时间轴平行的直线。

3. 交流电流

如果电流的大小及方向均随时间变化，则称为变动电流。对电路分析来说，一种最为重要的变动电流是正弦交流电流，其大小及方向均随时间按正弦规律做周期性变化，将之简称为交流电流（alternating current），记为 AC 或 ac。交流电流的瞬时值用小写字母 i 或 $i(t)$ 表示。

二、电路的参考方向

电路中的主要物理量有电压、电流等，这些物理量在电路中是有方向的。在分析电路时，一般要规定电流及电压的参考方向。

1. 电流的参考方向

电流即带电粒子有规则的定向运动，规定正电荷的运动方向为电流的实际方向。元件或导线中电流流动的实际方向只有两种可能，如图 1-15 所示。

图 1-15 正电荷与电流方向示意图

复杂电路中的电流随时间变化时，实际方向往往很难事先判断，因而规定一个参考方向，即任意假定一个正电荷运动的方向为电流的参考方向。电流大于零，电流的参考方向与实际方向相同；电流小于零，电流的参考方向与实际方向相反。如图 1-16 所示。

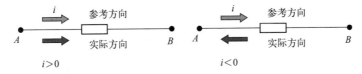

图 1-16 电流参考方向与实际方向的关系示意图

电流参考方向有两种表示方法：

（1）用箭头表示。箭头的指向为电流的参考方向，如图 1-17(a) 所示。

（2）用双下标表示。如 i_{AB}，电流的参考方向由 A 指向 B，如图 1-17(b) 所示。

图 1-17 电流参考方向的表示方法示意图

2. 电压的参考方向

电压（降）的参考方向，即假设的电位降低的方向。电压大于零，电压方向与参考方向相同；电压小于零，电压方向与参考方向相反。如图 1-18 所示。

电压参考方向有三种表示方式，分别是用箭头表示、用正负极性表示和用双下标表示，如图 1-19 所示。

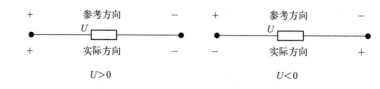

图 1-18　电压实际方向与参考方向示意图

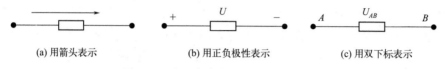

(a) 用箭头表示　　　(b) 用正负极性表示　　　(c) 用双下标表示

图 1-19　电压参考方向表示方法示意图

3. 关联参考方向

元件或支路的电压和电流采用相同的参考方向称为关联参考方向，反之称为非关联参考方向，如图 1-20 所示。

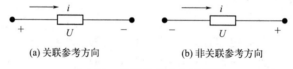

(a) 关联参考方向　　　(b) 非关联参考方向

图 1-20　关联参考方向示意图

【例 1-3】　电压电流参考方向如图 1-21 所示，对 A、B 两部分电路，电压、电流参考方向是否关联？

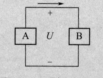

图 1-21　【例 1-3】图

解：对 A 部分电路而言，电压、电流参考方向非关联；对 B 部分电路而言，电压、电流参考方向关联。

说明：（1）分析电路前必须选定电压和电流的参考方向。

（2）参考方向一经选定，必须在图中相应位置标注（包括方向和符号），在计算过程中不得任意改变。

（3）参考方向不同时，其表达式相差一负号，但实际方向不变。

三、电路的工作状态

一个电路正常工作时，需要将电源与负载连接起来。电源与负载连接时，根据所接负载的情况，电路有三种工作状态：空载状态、有载状态和短路状态。为了说明这三种工作状态，现以简单直流电路为例来分析。

1. 空载状态

我们常用的手电筒，当白天不需要照明灯亮时，开关是断开的，这时手电筒照明电路处于空载状态。

空载状态又称断路或开路状态,如图 1-22 所示。当开关 K 断开时,电路就处于空载状态,此时电源和负载未构成通路,外电路所呈现的电阻可视为无穷大,电路具有下列特征。

(1) 电路中电流为零。

(2) 电源的端电压等于电源电压。此电压称为空载电压或开路电压,用 U_{OC} 表示。因此,要想测量电源电压,只要用电压表测量电源的开路电压即可。

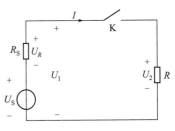

图 1-22 简单直流电路空载状态示意图

(3) 电源的输出功率和负载所吸收的功率均为零。

2. 有载状态

当我们闭合手电筒开关,电路中有电流流过,电源输出功率,灯亮了,这时照明电路处于有载状态。

电路有载工作状态具有下列特征:电路中有电流流过负载,负载消耗能量,电源两端的电压大小是电路中其他元件两端电压之和。

有些电气设备应尽量工作在额定状态,这种状态又称为满载状态。电流和功率低于额定值的工作状态称为轻载;高于额定值的工作状态称为过载。在一般情况下,设备不应过载运行。在电路设备中常装设自动开关、热继电器等,用来在过载时自动切断电源,确保设备安全。

3. 短路状态

在手电筒照明电路中,由于接线错误或线路老化,当开关闭合时,电流不经过灯泡,直接由电源正极经导线到电源负极,这种情况下手电筒照明电路处于短路状态。

在电路中,当电源两端的导线由于某种事故而直接相连时,电源输出的电流不经过负载,只经连接导线直接流回电源,这种状态称为短路状态,简称短路,如图 1-23 所示。

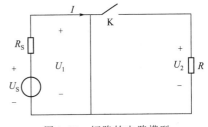

图 1-23 短路的电路模型

短路时外电路所呈现的电阻可视为零,电路具有下列特征。

(1) 在负载上的电压 U_2 等于零。

(2) 由于电源的内电阻很小,故短路电流很大。电源所发出的功率全部消耗在内电阻上,因而会使电源发热以致损坏。

所以在实际工作中,应经常检查电气设备和线路的绝缘情况,以防止电源被短路的事故发生。此外,通常还在电路中接入熔断器等保护装置,以便在发生短路时能迅速切断电路,达到保护电源及电路器件的目的。

四、电功和电功率

在日常生活中,电灯发光、电炉发热、电动机运转都是电流通过用电器做了功,将电能转换成了光能、热能和机械能。

下面我们来学习电功和电功率。

1. 电功

通过物理学的知识，我们知道如果一个力作用在物体上，物体在这个力的方向上移动了一段距离，这个力就对该物体做了功，功是只有大小没有方向的量。电灯发光、电炉发热、电动机运转等，其本质都是电场力使电荷发生了定向移动，是电场力做了功。

电路中电场力对定向移动的电荷所做的功，简称电功，通常也说成是电流的功。电功的计算式为

$$W = UIt \tag{1-11}$$

电流单位用安培（A），电压单位用伏（V），时间单位用秒（s），则电功的单位是焦耳（J）。

说明：（1）表达式的物理意义：电流在一段电路上的功，跟这段电路两端的电压、电路中的电流强度和通电时间成正比。

（2）适用条件：I、U 不随时间变化的恒定电流。

电流做功，可以将电能转化为其他形式的能，是能量的转化与守恒定律在电路中的体现。如：电流使电灯发光，是电功将电能转化为光能；电流使电炉发热，是电功将电能转化为热能；电流使电动机转动，一方面电功可转化为机械能，另一方面电流流过电动机可使绕组发热，电能转化为内能。

导体有电流流过时会发热，电能转化为内能，这就是电流的热效应，描述它的定量规律是焦耳定律。

$$Q = I^2 Rt$$

式中，Q 表示产生的热量，单位为 J；I 表示流过导体的电流，单位为 A；R 表示导体的电阻，单位为 Ω；t 表示时间，单位为 s。

2. 电功率

我们知道 60W 的白炽灯比 40W 的白炽灯要亮，1kW 的电动机要比 100W 的电动机动力强，这说明在相同的时间内 60W 的白炽灯比 40W 的白炽灯做功多，1kW 的电动机比 100W 的电动机做功多。用什么衡量电路做功的快慢呢？电功率就是用来衡量电路做功快慢的物理量。

电功率即单位时间内电流所做的功。

$$P = \frac{W}{t}$$

功的单位为焦耳（J），时间单位为秒（s），功率单位为瓦特（W），则 1W=1J/s。

一段电路上的功率，与这段电路两端电压和电路中电流强度成正比，计算式为

$$P = UI \tag{1-12}$$

3. 额定功率和实际功率

为了使电器安全、正常地工作，对用电器工作电压和功率都有规定数值。

（1）额定功率。用电器正常工作时所需电压为额定电压，在这个电压下消耗的功率称为额定功率。

（2）实际功率。一般来说，用电器电压不能超过额定电压，但电压低于额定电压时，用电器功率不是额定功率，而是实际功率。实际功率为用电器两端实际电压和通过用电器的实际电流的乘积。

五、测量电路的电流

通过学习,我们掌握了电流、电路的参考方向、电路的工作状态、电功和电功率等知识,在生产或生活中,我们可以运用这些知识测量直流电路中的电流、交流电路中的电流,分析计算简单直流电路和交流电路中负载的电功率。接下来我们通过一个实训来进行,对于初学者,需在教师指导下在专业实训室完成。

1. 实训设备

实训所需设备和材料见表1-4。

表1-4 测量电路的电流所需设备和材料一览表

序号	名称	型号与规格	数量	备注
1	直流可调稳压电源	0~30V	1路	—
2	直流数字毫安表	0~2000mA	1只	—
3	直流数字电压表	0~200V	1只	—
4	万用表		1只	自备
5	电阻		若干	DDZ-11
6	钳形电流表		1只	自备
7	交流电压表	0~500V	1只	—
8	交流电流表	0~5A	1只	—
9	三相交流电源		1路	—
10	负载(白炽灯)	220V/25W	1个	DDZ-14

2. 实训内容

(1)测量直流电路中的电流。

步骤1:按图1-24所示电路连接电路。

步骤2:将直流稳压电源输出6V电压接入电路。

步骤3:测量电路中各电阻两端的电压、流过电路的总电流。将测量的各数据填入表1-5中,计算出功率值。

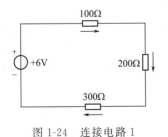
图1-24 连接电路1

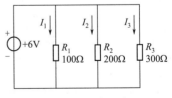
图1-25 连接电路2

步骤4:按图1-25所示电路连接电路。

步骤5:将直流稳压电源输出6V电压接入电路。

步骤6:测量电路流过各电阻的电流,电路的总电流及等效电阻。将测量的各数据填入表1-5中。

表 1-5　测量数据记录表

项目	物理量	电阻（100Ω）	电阻（200Ω）	电阻（300Ω）
图 1-24 所示电路	电压/V			
	电流/mA			
	功率/W			
图 1-25 所示电路	电压/V			
	电流/mA			
	功率/W			

（2）测量交流电路的电流。

步骤 1：按图 1-26 所示电路连接电路。

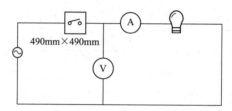

图 1-26　测量交流电路的电流接线图

步骤 2：将实训台上的电源 U、N 对应接到负载箱上。

步骤 3：打开开关，将电源电压调为 220V，用交流电压表、电流表或万用表进行测量，将测量数据填入表 1-6 中。

步骤 4：将电源电压调为 200V，用交流电压表、电流表或万用表进行测量，将测量数据填入表 1-6 中。

步骤 5：将电源电压调为 180V，用交流电压表、电流表或万用表进行测量，将测量数据填入表 1-6 中。

步骤 6：计算出功率值。

表 1-6　测量数据记录表

测量项目	步骤 3 数据	步骤 4 数据	步骤 5 数据
电压/V			
电流/mA			
功率/W			

3. 安全注意事项

（1）实训所需的电压源，在开启电源开关前，应将电压源的输出细调旋钮调至最小，接通电源后，再根据需要缓慢调节。

（2）电压表应与被测电路并联使用，电流表应与被测电路串联使用，并且都要注意极性与量程的合理选择。

思考练习

（1）在实训中，你发现流过电阻或者白炽灯的电流与其电阻和两端的电压存在什么规律呢？

提示 流过电阻或者白炽灯的电流与其两端的电压成正比，与其阻值成反比。它们符合欧姆定律的适用条件。

知识拓展

1826年4月，德国物理学家乔治·西蒙·欧姆发现了欧姆定律。欧姆定律是电路的基本定律之一，它反映了电路中电压、电流和电阻等基本物理量之间的关系。欧姆定律的表述为：在同一电路中，导体中的电流与导体两端的电压成正比，与导体的电阻成反比。

其公式为

$$I = U/R \tag{1-13}$$

式中，I、U、R 三个量是属于同一部分电路中同一时刻的电流强度、电压和电阻。

在欧姆定律的公式中，电阻的单位必须用欧姆，电压的单位必须用伏特。如果物理量不是规定的单位，必须先换算，再代入计算，这样得出来的电流单位才是安培。

有些情况下，我们可以用欧姆定律计算电压或电阻，我们可将其公式进行变换，其变式为：$U = I \times R$ 或 $R = U/I$。这两个变式能用于计算电压、电阻，但并不代表电阻和电压或电流有变化关系。

欧姆定律适用于纯电阻电路、金属导电和电解液导电等，在气体导电和半导体元件等电路中欧姆定律将不适用。

（2）在实训中，你发现图1-24所示电路和图1-25所示电路中电阻的连接有什么不同吗？在这两个电路中电流和电压有什么变化规律吗？

提示 图1-24所示电路中的电阻是首尾相接连在一起的，我们称为串联，该电路称为串联电路，图1-25所示电路中的电阻是首与首、尾与尾相接连在一起的，我们称为并联，该电路称为并联电路。有些电路中既有串联又有并联，我们称之为混联电路。

把两个或两个以上的电阻依次连接，使电流只有一条通路的电路，称为电阻串联电路，电阻串联电路的特点是：

① 电流特点：通过各电阻的电流相等。

② 电压特点：总电压等于各电阻上电压之和。

③ 电阻特点：等效电阻（总电阻）等于各串联电阻之和。

④ 电压分配：各串联电阻对总电压起分压作用，各电阻两端的电压与各电阻的阻值成正比。

把两个或两个以上的电阻并接在两点之间，电阻两端承受同一电压的电路，称为电阻并联电路，电阻并联电路的特点是：

① 电压特点：各并联电阻两端的电压相等。

② 电流特点：总电流等于通过各电阻的分电流之和。

③ 电阻特点：电阻并联对总电流有分流作用，并联电路等效电阻（总电阻）的倒数等于各并联电阻倒数之和。

④ 电流分配：并联电路中通过各个电阻的电流与各个电阻的阻值成反比。

项目二 交流电及三相电路

> **应知**

(1) 掌握正弦交流电的基本概念；
(2) 掌握提高正弦交流电路中的功率及功率因数的措施；
(3) 掌握对称、不对称三相电源的特点；
(4) 熟悉三相电路及其连接方式；
(5) 掌握负载星形连接三相电路的技术参数；
(6) 熟悉负载三角形连接三相电路的技术参数。

> **应会**

(1) 会连接日光灯电路；
(2) 会测量计算交流电路的功率因数；
(3) 会测量及计算负载星形连接三相电路的技术参数；
(4) 会测量及计算负载三角形连接三相电路的技术参数；
(5) 能计算及测量三相电路的功率。

> **项目导言**

生活和生产中，所使用的用电设备大多使用交流电，有些设备是用直流电，但也是通过交流电转换来的。比如我们用的手机是用直流电的，手机用的直流电是通过"充电器"将交流电转换为直流电。可以说交流电与我们的生活和生产密切相关。

在现代工农业生产和日常生活中，广泛地使用着交流电。主要原因是与直流电相比，交流电在产生、输送和使用方面具有明显的优点和重大的经济意义。例如：在远距离输电时，采用高电压的非正弦交流电可以减少线路上的损失；对于用户来说，采用较低的电压既安全又可降低电气设备的绝缘要求，这种电压的升高和降低，在交流供电系统中可以很方便而又经济的由变压器来实现。

交流电（AC）是指大小和方向都发生周期性变化的电流，因为周期电流在一个周期内的运行平均值为零，称为交变电流或简称交流电。交流电通常波形为正弦曲线，实际上还有其他的波形，例如三角形波、正方形波。交流电可以有效传输电力。生活中使用的市电就是具有正弦波形的交流电。

我们将通过认识正弦交流电路、三相电路，使大家能够正确使用交流电，做到安全用电。

任务一
认知正弦交流电路

任务描述

正弦交流电是交流电的一种最基本的形式,指大小和方向随时间作周期性变化的电压或电流。正弦交流电路理论在交流电路理论中居于重要地位。许多实际的电路,例如稳态下的交流电力网络,就工作在正弦稳态下,所以经常用正弦交流电路构成它们的电路模型,用正弦交流电路的理论进行分析。因此认识正弦交流电路是学习交流电路的基础。

我们通过了解正弦交流电的基本概念、提高正弦交流电路中的功率及功率因数的措施,连接日光灯电路并计算测量该电路的功率因数,从而掌握正弦交流电路的特点,并学会在实际应用中进行分析计算。

一、正弦交流电的基本概念

1. 正弦电流及其三要素

随时间按正弦规律变化的电流称为正弦电流,同样地,有正弦电压等。这些按正弦规律变化的物理量统称为正弦量。

设图 2-1 中通过元件的电流 i 是正弦电流,其参考方向如图所示。正弦电流的一般表达式为

$$i(t) = I_m \sin(\omega t + \varphi) \tag{2-1}$$

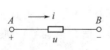

图 2-1 电路元件

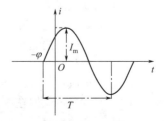

图 2-2 正弦电流波形图

它表示电流 i 是时间 t 的正弦函数,不同的时间有不同的量值,称为瞬时值,用小写字母表示。电流 i 的时间函数曲线如图 2-2 所示,称为波形图。

在式(2-1)中,I_m 为正弦电流的最大值(幅值),即正弦量的振幅,用大写字母加下标 m 表示正弦量的最大值,例如 I_m、U_m、E_m 等,它反映了正弦量变化的幅度。$(\omega t + \varphi)$ 随时间变化,称为正弦量的相位,它描述了正弦量变化的进程或状态。φ 为 $t=0$ 时刻的相位,称为初相位(初相角),简称初相。习惯上取 $|\varphi| \leqslant 180°$。图 2-3(a)、(b) 分别表示初相位为正和负值时正弦电流的波形图。

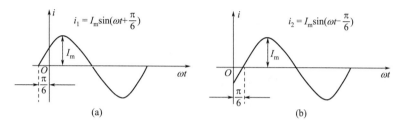

图 2-3 初相位为正值和负值时正弦电流的波形图

正弦电流每重复变化一次所经历的时间间隔即为它的周期,用 T 表示,周期的单位为秒(s)。正弦电流每经过一个周期 T,对应的角度变化了 2π 弧度,所以

$$\omega T = 2\pi$$

$$\omega = \frac{2\pi}{T} = 2\pi f \tag{2-2}$$

式中,ω 为角频率,表示正弦量在单位时间内变化的角度,反映正弦量变化的快慢,单位是弧度/秒(rad/s);f 是频率,表示单位时间内正弦量变化的循环次数,单位为赫兹(Hz)。我国电力系统用的交流电的频率(工频)为 50Hz。

最大值、角频率和初相位被称为正弦量的三要素。

2. 相位差

任意两个同频率的正弦电流

$$i_1(t) = I_{m1}\sin(\omega t + \varphi_1)$$

$$i_2(t) = I_{m2}\sin(\omega t + \varphi_2)$$

的相位差是

$$\varphi_{12} = (\omega t + \varphi_1) - (\omega t + \varphi_2) = \varphi_1 - \varphi_2 \tag{2-3}$$

相位差在任何瞬间都是一个与时间无关的常量,等于它们初相位之差。习惯上取 φ_{12} 的绝对值小于等于 180°。若两个同频率正弦电流的相位差为零,即 $\varphi_{12} = 0$,则称这两个正弦量为同相位,如图 2-4 中的 i_1 与 i_3,否则称为不同相位,如 i_1 与 i_2。如果 $\varphi_1 - \varphi_2 > 0$,则称 i_1 超前 i_2,意指 i_1 比 i_2 先到达正峰值,反过来也可以说 i_2 滞后 i_1。超前或滞后有时也需指明超前或滞后的角度或时间,以角度表示时为 $\varphi_1 - \varphi_2$,若以时间

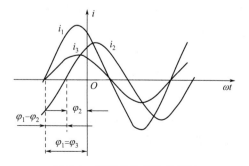

图 2-4 正弦量的相位关系图

表示，则为 $(\varphi_1-\varphi_2)/\omega$。如果两个正弦电流的相位差为 $\varphi_{12}=\pi$，则称这两个正弦量为反相。如果 $\varphi_{12}=\dfrac{\pi}{2}$，则称这两个正弦量为正交。

3. 有效值

周期性电流 i 流过电阻 R 在一个周期所产生的能量与直流电流 I 流过电阻 R 在时间 T 内所产生的能量相等，则此直流电流的量值为此周期性电流的有效值。

周期性电流 i 流过电阻 R，在时间 T 内，电流 i 所产生的能量为

$$W_1=\int_0^T i^2 R\,\mathrm{d}t$$

直流电流 I 流过电阻 R 在时间 T 内所产生的能量为

$$W_2=I^2RT$$

当两个电流在一个周期 T 内所做的功相等时，有

$$I^2RT=\int_0^T i^2 R\,\mathrm{d}t$$

于是，得

$$I=\sqrt{\dfrac{1}{T}\int_0^T i^2\,\mathrm{d}t} \tag{2-4}$$

对正弦电流则有

$$I=\sqrt{\dfrac{1}{T}\int_0^T i^2\,\mathrm{d}t}=\sqrt{\dfrac{1}{T}\int_0^T I_\mathrm{m}^2\sin^2(\omega t+\varphi)\,\mathrm{d}t}=\dfrac{I_\mathrm{m}}{\sqrt{2}}\approx 0.707 I_\mathrm{m} \tag{2-5}$$

同理可得

$$U=U_\mathrm{m}/\sqrt{2} \tag{2-6}$$

$$E=E_\mathrm{m}/\sqrt{2} \tag{2-7}$$

在工程上，凡涉及周期性电流或电压、电动势等量值时，凡无特殊说明总是指有效值，一般电气设备铭牌上所标明的额定电压和电流值都是指有效值。

二、提高正弦交流电路中的功率及功率因数的措施

1. 有功功率、无功功率、视在功率和功率因数

在交流电设备的铭牌上，我们常见到 P、Q、S、$\cos\varphi$ 等标示，这些表示什么意思呢？

P 表示设备的有功功率，是设备对外做功的功率，是用来描述设备的工作能力的。

Q 表示设备的无功功率，为什么会有无功功率呢？我们以电动机为例来分析：电动机运行的时候，需要有一个旋转的磁场，建立这个磁场是需要能量的，这个磁场建立起来以后，会一直保持着，以维持电机稳定工作，这个能量不会离开电机，但又是实实在在的能量，这个能量，就是我们说的无功功率。

S 表示设备的视在功率，是电流和电压的乘积，是有功功率和无功功率的总和。

$\cos\varphi$ 表示设备的功率因数。

下面我们来逐个分析 P、Q、S、$\cos\varphi$ 等参数。

设有一个二端网络，取电压、电流参考方向如图 2-5 所示，则该网络在任一瞬间时吸收的功率即瞬时功率为

$$p(t)=u(t)i(t)$$

设

$$u(t)=\sqrt{2}U\sin(\omega t+\varphi)$$

$$i(t)=\sqrt{2}I\sin(\omega t)$$

其中，φ 为电压与电流的相位差。

$$p(t)=u(t)i(t)=\sqrt{2}U\sin(\omega t+\varphi)\times\sqrt{2}I\sin(\omega t)$$
$$=UI\cos\varphi-UI\cos(\omega t+\varphi) \tag{2-8}$$

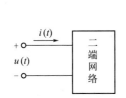

图 2-5 二端网络示意图

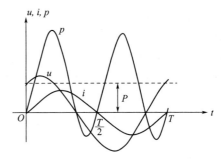

图 2-6 瞬时功率波形图

其波形图如图 2-6 所示。瞬时功率有时为正值，有时为负值，表示网络有时从外部接收能量，有时向外部发出能量。如果所考虑的二端网络内不含独立源，这种能量交换的现象就是网络内储能元件所引起的。二端网络所吸收的平均功率 P 为瞬时功率 $p(t)$ 在一个周期内的平均值，$P=\dfrac{1}{T}\int_{0}^{T}p\,\mathrm{d}t$，将式(2-8)代入上式得

$$P=\frac{1}{T}\int_{0}^{T}[UI\cos\varphi-UI\cos(\omega t+\varphi)]\mathrm{d}t=UI\cos\varphi \tag{2-9}$$

可见，正弦交流电路的有功功率等于电压、电流的有效值和电压、电流相位差角余弦的乘积。

$\cos\varphi$ 称为二端网络的功率因数，φ 称为功率因数角。在二端网络为纯电阻情况下，$\varphi=0$，功率因数 $\cos\varphi=1$，网络吸收的有功功率 $P_R=UI$；当二端网络为纯电抗情况下，$\varphi=\pm 90°$，功率因数 $\cos\varphi=0$，则二端网络吸收的有功功率 $P_X=0$，在一般情况下，二端网络的复阻抗 $Z=R+\mathrm{j}X$，$\varphi=\mathrm{arccot}\dfrac{X}{R}$，$\cos\varphi\neq 0$，即 $P=UI\cos\varphi$。

二端网络两端的电压 U 和电流 I 的乘积 UI 也是功率的量纲，因此，把乘积 UI 称为该网络的视在功率，用符号 S 来表示，即

$$S=UI \tag{2-10}$$

为与有功功率区别，视在功率的单位用伏安（VA）。视在功率也称容量，例如一台变压器的容量为 4000kVA，而此变压器能输出多少有功功率，要视负载的功率因数而定。

在正弦交流电路中，除了有功功率和视在功率外，无功功率也是一个重要的量。因为 $Q=U_X I$，而 $U_X=U\sin\varphi$，所以无功功率

$$Q=UI\sin\varphi \tag{2-11}$$

当 $\varphi=0$ 时，二端网络为一等效电阻，电阻总是从电源获得能量，没有能量的交换；

当 $\varphi\neq 0$ 时，说明二端网络中必有储能元件，因此，二端网络与电源间有能量的交换。对于感性负载，电压超前电流，$\varphi>0$，$Q>0$；对于容性负载，电压滞后电流，$\varphi<0$，$Q<0$。

2. 功率因数的提高

电源的额定输出功率为 $P_N = S_N \cos\varphi$，它除了取决于本身容量（即额定视在功率）外，还与负载功率因数有关。若负载功率因数低，电源输出功率将减小，这显然是不利的。因此为了充分利用电源设备的容量，应该设法提高负载网络的功率因数。

另外，若负载功率因数低，电源在供给有功功率的同时，还要提供足够的无功功率，致使供电线路电流增大，从而造成线路上能耗增大。可见，提高功率因数有很大的经济意义。

功率因数不高的原因主要是大量电感性负载的存在。工厂生产中广泛使用的三相异步电动机就相当于电感性负载。为了提高功率因数，可以从两个基本方面来着手：一方面是改进用电设备的功率因数，但这主要涉及更换或改进设备；另一方面是在感性负载的两端并联适当大小的电容器。下面分析利用并联电容器来提高功率因数的方法。

原负载为感性负载，其功率因数为 $\cos\varphi$，电流为 i_1，在其两端并联电容器 C，电路如图 2-7 所示，并联电容以后，并不影响原负载的工作状态。从相量图可知由于电容电流补偿了负载中的无功电流，使总电流减小，电路的总功率因数提高了。

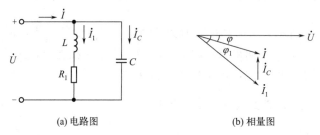

(a) 电路图   (b) 相量图

图 2-7 利用并联电容器提高功率因数示意图

设有一感性负载的端电压为 U，功率为 P，功率因数为 $\cos\varphi_1$，为了使功率因数提高到 $\cos\varphi$，可推导所需并联电容 C 的计算公式

$$I_1 \cos\varphi_1 = I\cos\varphi = \frac{P}{U}$$

流过电容的电流 $I_C = I_1 \sin\varphi_1 - I\sin\varphi = \frac{P}{U}(\tan\varphi_1 - \tan\varphi)$

又因 $I_C = U\omega C$

所以 $C = \dfrac{P}{\omega U^2}(\tan\varphi_1 - \tan\varphi)$ (2-12)

在实际生产中并不需要把功率因数提高到 1，因为这样做需要并联的电容较大，功率因数提高到什么程度为宜，只能在作具体的技术经济比较之后才能决定。通常只将功率因数提高到 0.9~0.95 之间。

3. 提高电路功率因数的案例分析

【例 2-1】 工厂的某动力车间采用的电源为标准的交流电源（220V、50Hz），由于生产需要，车间需要增加 2 个负载（两台电动机），一个负载的功率 $P_1 = 2.8 \text{kW}$，功率因数 $\cos\varphi_1 = 0.8$（感性），另一个负载的功率 $P_2 = 2.42 \text{kW}$，功率因数 $\cos\varphi_2 = 0.5$（感性），为提高供电效率，需要使车间供电电路的功率因数达到 0.92，为此需要在 2 个负载上并联电容，请问需并联多大的电容？并联电容前后，电路消耗的总功率不变情况下，电路中总电流分别为多大？

解：（1）电路未并联电容时

① $I_1 = \dfrac{P_1}{U\cos\varphi_1} = \dfrac{2800}{220 \times 0.8} = 15.9(\text{A})$

$\cos\varphi_1 = 0.8 \quad \varphi_1 = 36.9°$

② $I_2 = \dfrac{P_2}{U\cos\varphi_2} = \dfrac{2420}{220 \times 0.5} = 22(\text{A})$

$\cos\varphi_2 = 0.5 \quad \varphi_2 = 60°$

③ 设电源电压 $\dot{U} = 220\text{V} \angle 0°$

则 $\dot{I}_1 = 15.9\text{A} \angle -36.9°$

$\dot{I}_2 = 22\text{A} \angle -60°$

$\dot{I} = \dot{I}_1 + \dot{I}_2 = 15.9\angle -36.9° + 22\angle -60° = 37.1(\text{A})\angle -50.3°$

电路中总电流的有效值为：$I = 37.1\text{A}$

④ 供电电路的功率因数：由于 $\varphi' = 50.3°$ 得 $\cos\varphi' = 0.64$

电路消耗的总功率为：$P = P_1 + P_2 = 2.8 + 2.42 = 5.22(\text{kW})$

（2）电路并联电容时

由于 $\cos\varphi = 0.92 \quad \varphi = 23.1°$

$\varphi' = 50.3° \quad \cos\varphi' = 0.64$

根据式(2-12)，可得

$$C = \dfrac{P}{\omega U^2}(\tan 50.3° - \tan 23.1°) = 0.00034(1.2 - 0.426) = 263(\mu\text{F})$$

$$I = \dfrac{P}{U\cos\varphi} = \dfrac{5220}{220 \times 0.92} = 25.8(\text{A})$$

通过上面的计算可以看出，在并联电容器后，电路消耗的总功率不变的情况下，电路中总电流由 37.1A 降为 25.8A。

三、日光灯电路的连接与功率因数的提高

通过以上知识的学习，我们知道了在工厂中提高供电电路的功率因数是一项重要的工作，为了使大家进一步熟悉这方面的知识和技能，我们进行一个实训，对于初学者，这个实训要在老师指导下，在专业实训室完成。

1. 实训内容描述

（1）本次实训所用的负载是日光灯。实训电路是由灯管、镇流器和启辉器组成的，如图2-8(a)所示。镇流器是一个铁芯线圈，因此日光灯是一个感性负载，功率因数较低，我们用并联电容的方法可以提高电路的功率因数，其电路如图2-8(b)所示。选取适当的电容使容性电流等于感性的无功电流，从而使整个电路的总电流减小，电路的功率因数将会接近于1。功率因数提高后，使电源得到充分利用，还可以降低线路的损耗，从而提高传输效率。

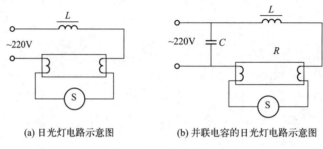

(a) 日光灯电路示意图　　　(b) 并联电容的日光灯电路示意图

图 2-8　电路示意图

（2）日光灯的组成及工作原理。日光灯由灯管、启辉器、镇流器等组成。日光灯管内壁上涂有荧光物质，管内抽成真空，并允许有少量的水银蒸气，管的两端各有一个灯丝串联在电路中。当灯管两端的电压在 400～500V 之间时，灯管两端会放电，产生紫外线，从而使涂在管壁上的荧光粉发出可见的光，这时日光灯就亮了起来，我们称该过程为启辉。启辉器相当于一个自动开关，它的两个电极靠得很近，其中一个电极由双金属片制成，使用电源时，两电极之间会产生放电，双金属片电极热膨胀后，使两电极接通，此时灯丝也被通电加热。当两电极接通后，两电极放电现象消失，双金属片因降温而收缩，使两极分开。在两极断开的瞬间镇流器将产生很高的自感电压，该自感电压和电源电压一起加到灯管两端产生瞬间高压，使日光灯启辉。当灯管起辉后，管压降约为 110V，由于镇流器与灯管串联，所以这时镇流器起到降压限流的作用。

2. 实训设备（见表 2-1）

表 2-1　设备一览表

序号	名称	型号与规格	数量	备注
1	交流电压表	0～500V	1 只	—
2	交流电流表	0～5A	1 只	—
3	功率表		1 只	自备
4	可调交流电源		1 路	
5	镇流器、启辉器	与 30W 灯管配用	各 1 个	DDZ-13
6	日光灯灯管	30W	1 个	—
7	电容器	1μF、2.2μF、4.7μF/500V	各 1 个	DDZ-13
8	白炽灯及灯座	220V，25W	1～3 个	DDZ-14
9	电流插座		3 个	

3. 实训步骤

步骤 1：按图 2-8(b) 接完线，请老师检查后，方可通电实训。

步骤 2：接通电源，断开电容，记下此时的 P 及 I 值，并用万用表测量 U 值，记入表 2-2 中。

步骤 3：接通电容，逐渐增大电容，分别为 1μF、2.2μF、4.7μF 时，记录各个电容上的 I 与 P 值。同样用万用表测量不同电容时的 U_R、U_C、U_L。

步骤 4：计算未并入电容时的功率因数，填入表 2-2。

表 2-2　测量及计算数据记录表

电容值 /μF	测量数值						计算值
	P/W	$\cos\varphi$	U/V	I/A	I_L/A	I_C/A	$\cos\varphi$
0							
1							
2.2							
4.7							

4. 安全注意事项

（1）注意日光灯电路的连接方法。

（2）实训电路中为 220V 电压，实训的人员务必不要接触带电体，务必注意人身安全。

思考练习

通过学习和实际训练，请思考以下问题：

（1）提高功率因数有何意义？

（2）并联的电容是否愈多愈好，为什么？

任务二 认知三相电路

任务描述

在化工厂和实训室常见到一些需要动力的设备,如化工管路拆装实训室的离心泵,如图2-9所示,要驱动离心泵就要用到电动机,这些电动机是三相异步电动机。而三相异步电动机都是需要三相交流电源供电的。

图2-9 离心泵设备图

由三相交流电源供电的电路,简称三相电路。三相交流电源指能够提供3个频率相同而相位不同的电压或电流的电源,最常用的是三相交流发电机。三相电路是一种特殊的交流电路,由三相电源、三相负载和三相输电线路组成。世界上电力系统电能生产供电方式大都采用三相制。因此认识三相电路是使用交流电的基础。

我们将通过了解三相电源、三相电路及主要技术参数,测量及计算负载星形连接三相电路的技术参数,测量及计算负载三角形连接三相电路的技术参数,计算及测量三相电路的功率,掌握三相电路的特点,并学会在生产、生活中进行分析计算和熟练应用。

一、三相电源

三相电源是具有三个频率相同、幅值相等但相位不同的电动势的电源,用三相电源供电的电路就称为三相电路。

1. 对称三相电源

在电力工业中,三相电路中的电源通常是三相发电机,由它可以获得三个频率相同、幅值相等、相位互差 120°的电动势,这样的发电机称为对称三相电源。图 2-10 是三相同步发电机的示意图。

三相发电机中转子上的励磁线圈 MN 内通有直流电流,使转子成为一个电磁铁。在定子内侧面、空间相隔 120°的槽内装有三个完全相同的线圈 A-X、B-Y、C-Z。转子与定子间磁场被设计成正弦分布。当转子以角速度 ω 转动时,三个线圈中便感应出频率相同、幅值相等、相位互差为 120°的三个电动势。有这样的三个电动势的发电机便构成对称三相电源。

对称三相电源的瞬时值表达式(以 u_A 为参考正弦量)为

$$u_A = \sqrt{2}U\sin(\omega t)$$
$$u_B = \sqrt{2}U\sin(\omega t - 120°)$$
$$u_C = \sqrt{2}U\sin(\omega t + 120°) \tag{2-13}$$

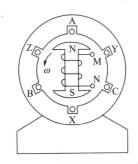

图 2-10 三相同步发电机示意图

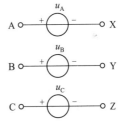

图 2-11 对称三相电源电路符号示意图

三相发电机中三个线圈的首端分别用 A、B、C 表示;尾端分别用 X、Y、Z 表示。三相电压的参考方向为首端指向尾端。对称三相电源的电路符号如图 2-11 所示。

它们的相量形式为

$$\dot{U}_A = U \underline{/0°}$$

$$\dot{U}_B = U \underline{/-120°}$$

$$\dot{U}_C = U \underline{/+120°} \tag{2-14}$$

对称三相电压的波形图和相量图如图 2-12 和图 2-13 所示。对称三相电压三个电压的瞬时值之和为零,即

$$u_A + u_B + u_C = 0 \tag{2-15}$$

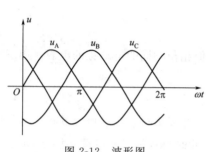

图 2-12 波形图

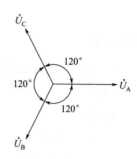

图 2-13 相量图

三个电压的相量之和亦为零,即

$$\dot{U}_A + \dot{U}_B + \dot{U}_C = 0 \qquad (2-16)$$

这是对称三相电源的重要特点。

通常三相发电机产生的都是对称三相电源。今后若无特殊说明,本书提到的三相电源均为对称三相电源。

2. 相序

三相电源中每一相电压经过同一值(如正的最大值)的先后次序称为相序。从图 2-12 可以看出,其三相电压到达最大值的次序依次为 u_A、u_B、u_C,其相序为 A→B→C→A,称为顺序或正序。若将发电机转子反转,则

$$u_A = \sqrt{2} U \sin(\omega t)$$
$$u_B = \sqrt{2} U \sin(\omega t + 120°)$$
$$u_C = \sqrt{2} U \sin(\omega t - 120°)$$

则相序为 A→C→B→A,称为逆序或负序。

工程上常用的相序是顺序,如果不加以说明,都是指顺序。工业上通常在交流发电机的三相引出线及配电装置的三相母线上,涂有黄、绿、红三种颜色,分别表示 A、B、C 三相。

3. 三相电源的连接方式及其特点

将三相电源的三个绕组以一定的方式连接起来就构成三相电路的电源。通常的连接方式是星形(也称 Y 形)连接和三角形(也称△形)连接。对三相发电机来说,通常采用星形连接。

(1) 三相电源的星形连接。

将对称三相电源的尾端 X、Y、Z 连在一起,首端 A、B、C 引出作输出线,这种连接称为三相电源的星形连接。如图 2-14 所示。

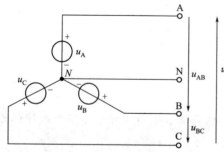

图 2-14 星形连接的三相电源

连接在一起的 X、Y、Z 点称为三相电源的中点,用 N 表示,从中点引出的线称为中线。三个电源首端 A、B、C 引出的线称为端线(俗称火线)。

每相绕组两端的电压称为电源的相电压,用符号 u_A、u_B、u_C 表示;而端线之间的电压称为线电压,用符号 u_{AB}、u_{BC}、u_{CA} 表示。

规定线电压的方向是由 A 线指向 B 线，B 线指向 C 线，C 线指向 A 线。下面分析星形连接时对称三相电源线电压与相电压的关系。

根据图 2-14，由 KVL 可得，三相电源的线电压与相电压有以下关系

$$\begin{cases} u_{AB} = u_A - u_B \\ u_{BC} = u_B - u_C \\ u_{CA} = u_C - u_A \end{cases} \tag{2-17}$$

假设

$$\dot{U}_A = U\underline{/0°} \quad \dot{U}_B = U\underline{/-120°} \quad \dot{U}_C = U\underline{/+120°}$$

则相量形式为

$$\dot{U}_{AB} = \dot{U}_A - \dot{U}_B = \sqrt{3}U\underline{/30°} = \sqrt{3}\dot{U}_A\underline{/30°}$$

$$\dot{U}_{BC} = \dot{U}_B - \dot{U}_C = \sqrt{3}U\underline{/-90°} = \sqrt{3}\dot{U}_B\underline{/30°}$$

$$\dot{U}_{CA} = \dot{U}_C - \dot{U}_A = \sqrt{3}U\underline{/150°} = \sqrt{3}\dot{U}_C\underline{/30°} \tag{2-18}$$

由上式看出，星形连接的对称三相电源的线电压也是对称的。线电压的有效值 U_L 是相电压有效值 U_P 的 $\sqrt{3}$ 倍，即 $U_L = \sqrt{3}U_P$；式中各线电压的相位超前于相应的相电压 30°。其相量图如图 2-15。

三相电源星形连接的供电方式有两种，一种是三相四线制（三条端线和一条中线），另一种是三相三线制，即无中线。目前电力网的低压供电系统（又称民用电）为三相四线制，此系统供电的线电压为 380V，相电压为 220V，通常写作电源电压 380V/220V。

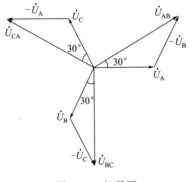

图 2-15 相量图

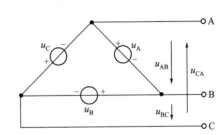

图 2-16 三角形连接的三相电源

（2）三相电源的三角形连接。

将对称三相电源中的三个单相电源首尾相接，由三个连接点引出三条端线就形成三角形连接的对称三相电源。如图 2-16 所示。

对称三相电源三角形连接时，只有三条端线，没有中线，它是三相三线制。在图 2-16 中可以明显地看出，线电压就是相应的相电压，即

$$u_{AB} = u_A \quad \dot{U}_{AB} = \dot{U}_A$$

$$u_{BC} = u_B \quad \text{或} \quad \dot{U}_{BC} = \dot{U}_B$$

$$u_{CA}=u_C \quad \dot{U}_{CA}=\dot{U}_C$$

上式说明三角形连接的对称三相电源,线电压等于相应的相电压。

三相电源三角形连接时,形成一个闭合回路。由于对称三相电源 $\dot{U}_A+\dot{U}_B+\dot{U}_C=0$,所以回路中不会有电流。但若有一相电源极性接反,造成三相电源电压之和不为零,将会在回路中产生很大的电流。所以三相电源作为三角形连接时,连接前必须检查。

二、三相电路及主要技术参数

组成三相交流电路的每一相电路是单相交流电路。整个三相交流电路则是由三个单相交流电路所组成的复杂电路,它的分析方法是以单相交流电路的分析方法为基础的。

1. 对称三相电路

对称三相电路是由对称三相电源和对称三相负载连接组成的。一般电源均为对称电源,因此只要负载是对称三相负载,则该电路为对称三相电路。所谓对称三相负载是指三相负载的三个复阻抗相同。三相负载一般也接成星形或三角形,如图 2-17 所示。

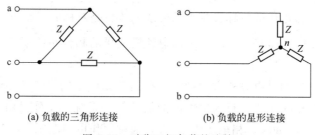

(a) 负载的三角形连接　　(b) 负载的星形连接

图 2-17　对称三相负载的连接

(1) 负载 Y 连接的对称三相电路。

图 2-18 中,三相电源作星形连接,三相负载也作星形连接,且有中线。这种连接称 Y-Y 连接的三相四线制。

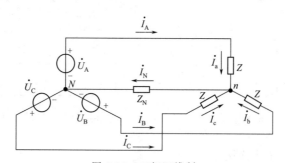

图 2-18　三相四线制

设每一相的负载阻抗均为 $Z=Z\underline{/\varphi}$。N 为电源中点,n 为负载的中点,Nn 为中线。设中线的阻抗为 Z_N。每一相的负载上的电压称为负载相电压,用 $\dot{U}_{an}$、$\dot{U}_{bn}$、$\dot{U}_{cn}$ 表示;负载端线之间的电压称为负载的线电压,用 $\dot{U}_{ab}$、$\dot{U}_{bc}$、$\dot{U}_{ca}$ 表示。各相负载中的电流称为相电流,用 $\dot{I}_a$、$\dot{I}_b$、$\dot{I}_c$ 表示;火线中的电流称为线电流,用 $\dot{I}_A$、$\dot{I}_B$、$\dot{I}_C$ 表示。线电流的参考

方向从电源端指向负载端，中线电流 $\dot{I}_N$ 的参考方向从负载端指向电源端。对于负载 Y 连接的电路，线电流 $\dot{I}_A$ 就是相电流 $\dot{I}_a$。

三相电路实际上是一个复杂正弦交流电路，采用节点法分析此电路可得 $\dot{U}_{nN}=0$，结论是负载中点与电源中点等电位，它与中线阻抗的大小无关。由此可得

$$\dot{U}_{an}=\dot{U}_A$$
$$\dot{U}_{bn}=\dot{U}_B$$
$$\dot{U}_{cn}=\dot{U}_C \tag{2-19}$$

上式表明：负载相电压等于电源相电压（在忽略输电线阻抗时），即负载三相电压也为对称三相电压。若以 $\dot{U}_A$ 为参考相量，线电流为

$$\dot{I}_A=\frac{\dot{U}_{an}}{Z}=\frac{\dot{U}_A}{|Z|}=U_P\underline{/-\varphi}$$

$$\dot{I}_B=\frac{\dot{U}_{bn}}{Z}=\frac{\dot{U}_B}{|Z|}=U_P\underline{/-\varphi-120°}$$

$$\dot{I}_C=\frac{\dot{U}_{cn}}{Z}=\frac{\dot{U}_C}{|Z|}=U_P\underline{/-\varphi+120°} \tag{2-20}$$

由上式可见，三相电流也是对称的。因此，对称 Y-Y 连接电路有中线时的计算步骤可归结为：

① 先进行一个相的计算（如 A 相），首先，根据电源找到 A 相的相电压，算出 $\dot{I}_A$；

② 根据对称性，推知其它两相电流 $\dot{I}_B$、$\dot{I}_C$；

③ 根据三相电流对称，中线电流 $\dot{I}_N=\dot{I}_A+\dot{I}_B+\dot{I}_C=0$。

若对称 Y-Y 连接电路中无中线，即 $Z_N=\infty$ 时，由节点法分析可知 $\dot{U}_{nN}=0$，即负载中点与电源中点仍然是等电位，此时相当于三相四线制。即每一相电路看成是独立的，计算时采用如上的三相四线制的计算方法。可见，对称 Y-Y 连接的电路，不论有无中线以及中线阻抗的大小，都不会影响各相负载的电流和电压。

由于 $\dot{U}_{nN}=0$，所以负载线电压与相电压的关系同电源的线电压与相电压的关系。

$$\dot{U}_{ab}=\sqrt{3}\dot{U}_{an}\underline{/30°}$$
$$\dot{U}_{bc}=\sqrt{3}\dot{U}_{bc}\underline{/30°}$$
$$\dot{U}_{ca}=\sqrt{3}\dot{U}_{ca}\underline{/30°} \tag{2-21}$$

即
$$U'_L=\sqrt{3}U'_P \tag{2-22}$$

式中，U'_L、U'_P 为负载的线电压和相电压。

当忽略输电线阻抗时，$U'_L=U_L$，$U'_P=U_P$。

综上所述可知，负载星形连接的对称三相电路其负载电压、电流有以下特点：

① 线电压、相电压，线电流、相电流都是对称的。

② 线电流等于相电流。

③ 线电压等于$\sqrt{3}$倍的相电压。

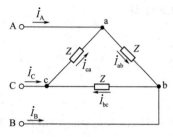

图 2-19 负载三角形连接的对称三相电路

(2) 负载三角形连接的对称三相电路。

负载作三角形连接，如图 2-19 所示。由图可以看出，不管电源是星形连接还是三角形连接，与负载相连的三个电源是线电压。

设$Z=Z\underline{/\varphi}$，三相负载相同，其负载线电流为$\dot{I}_A$、$\dot{I}_B$、$\dot{I}_C$，相电流为$\dot{I}_{ab}$、$\dot{I}_{bc}$、$\dot{I}_{ca}$。

设$\dot{U}_{AB}=U_L\underline{/0°}$，当忽略输电线阻抗时，负载线电压等于电源线电压。

负载的相电流为

$$\dot{I}_{ab}=\frac{\dot{U}_{ab}}{Z}=\frac{\dot{U}_{AB}}{Z}=\frac{U_L}{|Z|}\underline{/-\varphi}$$

$$\dot{I}_{bc}=\frac{\dot{U}_{bc}}{Z}=\frac{\dot{U}_{BC}}{Z}=\frac{U_L}{|Z|}\underline{/-\varphi-120°}$$

$$\dot{I}_{ca}=\frac{\dot{U}_{ca}}{Z}=\frac{\dot{U}_{CA}}{Z}=\frac{U_L}{|Z|}\underline{/-\varphi+120°} \qquad (2\text{-}23)$$

线电流为

$$\dot{I}_A=\dot{I}_{ab}-\dot{I}_{ca}=\sqrt{3}\dot{I}_{ab}\underline{/-30°}$$

$$\dot{I}_B=\dot{I}_{bc}-\dot{I}_{ab}=\sqrt{3}\dot{I}_{bc}\underline{/-30°}$$

$$\dot{I}_C=\dot{I}_{ca}-\dot{I}_{bc}=\sqrt{3}\dot{I}_{ca}\underline{/-30°} \qquad (2\text{-}24)$$

综上所述可知：负载三角形连接的对称三相电路，其负载电压、电流有以下特点：

① 相电压、线电压，相电流、线电流均对称。

② 每一相负载上的线电压等于相电压。

③ 线电流大小的有效值等于相电流有效值的$\sqrt{3}$倍。即$I_L=\sqrt{3}I_P$，并且线电流滞后相应的相电流30°。电压、电流相量图如图 2-20 所示。

2. 不对称三相电路及其特点

在三相电路中，电源和负载只要有一个不对称，则三相电路就不对称。一般来说，三相电源可以认为是对称的，不对称主要是指负载不对

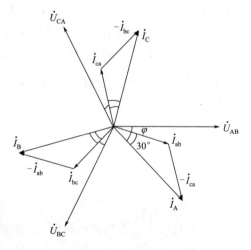

图 2-20 电压、电流相量图

称。日常照明电路就属于这种。

图 2-21 所示三相四线制电路中，负载不对称，假设中线阻抗为零，则每一相负载上的电压与该相电源的相电压相等，而三相电流由于负载阻抗不同而不对称。

即负载相电压对称为

$$\dot{U}_{an}=\dot{U}_A, \quad \dot{U}_{bn}=\dot{U}_B, \quad \dot{U}_{cn}=\dot{U}_C \tag{2-25}$$

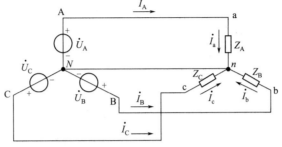

图 2-21 Y-Y 连接的不对称三相电路

负载相电流不对称为

$$\dot{I}_A=\frac{\dot{U}_{an}}{Z_A}, \quad \dot{I}_B=\frac{\dot{U}_{bn}}{Z_B}, \quad \dot{I}_C=\frac{\dot{U}_{cn}}{Z_C} \tag{2-26}$$

此时中线电流

$$\dot{I}_N=\dot{I}_A+\dot{I}_B+\dot{I}_C\neq 0 \tag{2-27}$$

如将图 2-21 中的中线去掉，形成三相三线制，如图 2-22 所示。根据节点电压法可知 $\dot{U}_{nN}$ 一般不等于零，即负载中点 n 的电位与电源中点 N 的电位不相等，发生了中点位移，相量图如图 2-23 所示。由相量图可以看出，中点位移标志着负载 $\dot{I}_A=\frac{\dot{U}_{an}}{Z_A}$，$\dot{I}_B=\frac{\dot{U}_{bn}}{Z_B}$，$\dot{I}_C=\frac{\dot{U}_{cn}}{Z_C}$，由于相电压 $\dot{U}_{an}$、$\dot{U}_{bn}$、$\dot{U}_{cn}$ 的不对称，三相负载的电流也是不对称的。

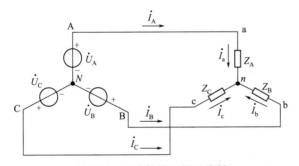

图 2-22 Y 连接的三相三线制

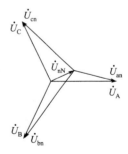

图 2-23 相量图

综上所述，在不对称三相电路中，如果有中线，且输电线阻抗 $Z\approx 0$，则中线可迫使 $U_{nN}=0$，尽管电路不对称，但可使负载相电压对称，以保证负载正常工作；若无中线，则中点位移，造成负载相电压不对称，从而可能使负载不能正常工作。可见，中线至关重要，且不能断开。实际接线中，中线的干线必须考虑有足够的机械强度，且不允许安装开关和熔丝。

三、测量及计算负载星形连接三相电路的技术参数

通过学习，大家知道了三相负载作星形连接的基本规律和特点，为了使大家更好地掌握这种连接方式的规律和特点，下面我们进行一个实训，本实训要在教师指导下在专业实训室完成。

1. 实训目的

（1）掌握三相负载作星形连接的方法。

（2）掌握三相负载对称与不对称电路中，相电压、线电压之间的关系。

（3）掌握三相四线制中中线的作用。

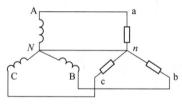

图 2-24　三相负载作星形连接示意图

2. 实训原理

三相负载作星形连接时，如图 2-24 所示。当三相负载对称或不对称的星形连接有中线时，线电压与相电压均对称，且 $U_{线}=\sqrt{3}U_{相}$，线电压的相位超前相电压 30°。

当三相负载不对称又无中线连接时，此时将出现三相电压不平衡、不对称的现象，导致三相不能正常工作，为此必须有中线连接，才能保证三相负载正常工作。

从上述理论中，考虑到三相负载对称与不对称连接又无中线时某相电压升高，影响负载的使用时间，同时考虑到实训的安全，故将两个负载串联起来做实训。

3. 实训设备

本实训所需仪器设备见表 2-3。

表 2-3　测量负载星形连接三相电路的技术参数实训所需仪器一览表

序号	名称	型号与规格	数量	备注
1	交流电压表	0～500V	1只	屏上
2	交流电流表	0～5A	1只	屏上
3	万用表	数字式	1只	自备
4	三相交流电源		1路	屏上
5	三相灯组负载	220V,25W 白炽灯	6个	DDZ-14
6	电流插座		3个	屏上

4. 实训内容

按照图 2-25 连接好实训电路，再将实训台上的三相电源 U、V、W、N 对应接到负载箱上。

步骤 1：负载对称并且有中线，将三相负载箱上的开关全部打到接通位置。用交流电压表和电流表进行相电压、线电压、相电流、中线电流的测量，将数据记入表 2-4 内。

步骤 2：断开中线，使负载对称无中线，用交流电压表和电流表重复步骤 1 各项目的测量，将数据记入表 2-4 内。

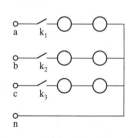

图 2-25　实训电路图

步骤 3：将 A 相的开关 k_1 断开，使负载不对称有中线，用交流电压表和电流表重复步骤 1 各项目的测量，将数据记入表 2-4 内。

步骤 4：断开中线，将 A 相的开关 k_1 断开，使负载不对称无中线，用交流电压表和电流表重复步骤 1 各项目的测量，将数据记入表 2-4 内。

上述数据测完，请老师检查数据。

表 2-4　测量数据记录表

测量数据		对称负载		不对称负载	
		有中线	无中线	有中线	无中线
相电压	U_{an}				
	U_{bn}				
	U_{cn}				
线电压	U_{ab}				
	U_{bc}				
	U_{ca}				
相电流	I_a				
	I_b				
	I_c				
中线电流	I_n				

5. 结果分析

对上述实训中的相电流、中线电流进行理论计算，比较实训测得数据与理论计算数据的差异，从而进一步掌握三相负载作星形连接时的特点。

6. 实训注意事项

（1）每次改接线路都必须先断开电源。

（2）实训电路中为 220V/380V 电压，务必不要接触带电体，务必注意人身安全。

思考练习

（1）分析负载不对称又无中线连接时的数据。

（2）中线有何作用？

（3）分析三相负载对称与不对称电路中，相电压、线电压之间的关系。

四、测量及计算负载三角形连接三相电路的技术参数

通过前面知识的学习，大家知道了三相负载作三角形连接的基本规律和特点，在工厂中，动力车间的电机、油田的采油机等用电设备大多采用这种连接方式，为了使大家更好地掌握这种连接方式的规律和特点，下面我们进行实训，本实训要在教师指导下在专业实训室完成。

1. 实训目的

（1）熟悉三相负载作三角形连接的方法。

(2) 掌握负载作三角形连接时，对称与不对称的线电流与相电流之间的关系。

2. 实训原理

由前面所述三相负载的三角形连接特点可知：

(1) 如图 2-26 所示，当三相负载对称连接时，其线电流大小是相电流的 $\sqrt{3}$ 倍，且相电流超前线电流 30°。

(2) 如图 2-27 所示，当三角形连接，一相负载断路时，只影响故障相，该故障相不能够正常工作，其余两相仍能正常工作。

(3) 如图 2-28 所示，当三角形连接时，一条火线断线时，故障两相负载电压小于正常电压，而 B、C 相仍能够正常工作。

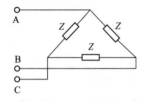 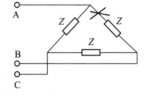 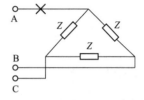

图 2-26　三相负载对称连接示意图　　图 2-27　一相负载断路示意图　　图 2-28　一条火线断线示意图

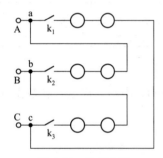

图 2-29　实训电路

3. 实训仪表设备

与三相负载的星形连接实训所需要的设备相同。

4. 实训步骤及内容

按图 2-29 连接好实训电路，再将实训台上的三相电源 U、V、W、N 对应接到负载箱上。按以下步骤用交流电压表和电流表进行线电流、相电流、线电压的测量，并将数据记入表 2-5 内。

步骤 1：对称负载的测量，将三相负载箱上的开关全部打到接通位置。

步骤 2：一相负载断路，断开 k_1 开关。

步骤 3：一相火线断线，开关全部接通，取掉 A 相火线。

上述内容测完后，将测量数据计入表 2-5，请老师检查数据。

表 2-5　测量数据记录表

负载接法	线电流			相电流			线电压		
	I_A	I_B	I_C	I_{ab}	I_{bc}	I_{ca}	U_{AB}	U_{BC}	U_{CA}
负载对称									
一相负载断路									
一相火线断路									

5. 结果分析

对上述实训中的线电流、相电流、线电压进行理论计算，比较实训测得数据与理论计算数据的差异，从而进一步掌握三相负载作三角形连接时的特点。

6. 注意事项

(1) 每次改接线路都必须先断开电源。

(2) 实训电路中为 220V/380V 电压,务必不要接触带电体,务必注意人身安全。

思考练习

(1) 分析负载不对称又无中线连接时的数据。

(2) 中线有何作用?

(3) 根据测量数据,分析负载作三角形连接时,对称与不对称的线电流与相电流之间的关系。

五、计算及测量三相电路的功率

1. 三相电路功率的计算方法

在三相电路中,三相负载的有功功率、无功功率分别等于每相负载上的有功功率、无功功率之和,即

$$P = P_A + P_B + P_C$$
$$Q = Q_A + Q_B + Q_C$$

三相负载对称时,各相负载吸收的功率相同,根据负载星形及三角形接法时线、相电压和线、相电流的关系,则三相负载的有功功率、无功功率分别表示为

$$P = 3P_A = 3U_P I_P \cos\varphi = \sqrt{3} U_L I_L \cos\varphi \tag{2-28}$$

$$Q = 3Q_A = 3U_P I_P \sin\varphi = \sqrt{3} U_L I_L \sin\varphi \tag{2-29}$$

式中,U_L、I_L 是负载的线电压和线电流;U_P、I_P 是负载的相电压和相电流;φ 是每一相负载的阻抗角。

对称三相电路的视在功率和功率因数分别定义如下

$$S = \sqrt{P^2 + Q^2} \tag{2-30}$$

$$\cos\varphi = \frac{P}{S} \tag{2-31}$$

根据对称三相负载的功率表达式关系,则

$$S = \sqrt{3} U_L I_L \tag{2-32}$$

对称三相正弦交流电路的瞬时功率经公式推导等于平均功率 P,是不随时间变化的常数。对三相电动机来说,瞬时功率恒定意味着电动机转动平稳,这是三相制的重要优点之一。

2. 三相电路功率的计算

【例 2-2】 某三相异步电动机每相绕组的等值阻抗 $|Z| = 27.74\Omega$,功率因数 $\cos\varphi = 0.8$,正常运行时绕组作三角形连接,电源线电压为 380V。试求:

(1) 正常运行时相电流,线电流和电动机的输入功率;

(2) 为了减小启动电流,在启动时改接成星形,试求此时的相电流,线电流及电动机输入功率。

解：(1) 正常运行时，电动机作三角形连接

$$I_P = \frac{U_L}{|Z|} = \frac{380}{27.74} = 13.7(A)$$

$$I_L = \sqrt{3} I_P = \sqrt{3} \times 13.7 = 23.7(A)$$

$$P = \sqrt{3} U_L I_L \cos\varphi = \sqrt{3} \times 380 \times 23.7 \times 0.8 = 12.48(kW)$$

(2) 启动时，电动机星形连接

$$I_P = \frac{U_P}{|Z|} = \frac{380/\sqrt{3}}{27.74} = 7.9(A)$$

$$I_L = I_P = 7.9(A)$$

$$P = \sqrt{3} U_L I_L \cos\varphi = \sqrt{3} \times 380 \times 7.9 \times 0.8 = 4.16(kW)$$

从此例可以看出，同一个对称三相负载接于一电路，当负载作三角形连接时的线电流是 Y 形连接时线电流的 3 倍，作三角形连接时的功率也是作 Y 形连接时功率的 3 倍。即

$$P_\triangle = 3 P_Y$$

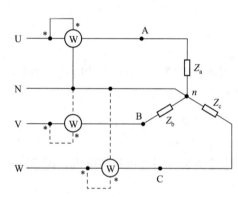

图 2-30　测量对称三相负载功率示意图

3. 测量三相四线制三相电路的功率

如前所述，我们在生产和生活中常采用三相四线制供电，下面以三相四线制供电的三相星形连接的负载为例，来介绍测量三相电路功率的方法。

对于三相四线制供电的三相星形连接的负载（即 Y_0 接法），可用一只功率表测量各相的有功功率 P_A、P_B、P_C，则三相功率之和（$\sum P = P_A + P_B + P_C$）即为三相负载的总有功功率值。这就是瓦特表法，如图 2-30 所示。若三相负载是对称的，则只需测量一相的功率，再乘以 3 即得三相总的有功功率。

(1) 测量所需仪器见表 2-6。

表 2-6　所需仪器一览表

序号	名　称	型号与规格	数量
1	交流电压表	0~500V	1只
2	交流电流表	0~5A	1只
3	单相功率表		1只
4	万用表		1只
5	三相交流电源		1路
6	三相灯组负载	220V/25W 白炽灯	6个
7	电容	1μF、2.2μF、4.7μF/500V	若干

(2) 测量步骤。用瓦特表法测定三相对称 Y_0 接负载以及不对称 Y_0 接负载的总功率

ΣP。按图 2-31 线路接线。线路中的电流表和电压表是用来监视电流和电压的,不要超过功率表电压和电流的量程。首先将三只表按图 2-31 接入 B 相,进行测量,然后分别将三只表换接到 A 相和 C 相,再进行测量。

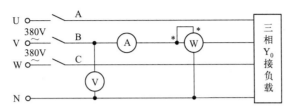

图 2-31 用测定三相对称 Y_0 接负载以及不对称 Y_0 接负载的总功率接线图

经指导教师检查后,接通三相电源,按表 2-7 要求的测量项目进行测量及计算。将数据记录表中。

表 2-7 测量数据记录表

负载情况	开灯盏数			测量数据			计算值
	A 相	B 相	C 相	P_A/W	P_B/W	P_C/W	$\Sigma P/W$
Y_0 接对称负载	2	2	2				
Y_0 接不对称负载	1	2	2				

(3) 安全注意事项。
① 每次改变接线,均须断开三相电源,以确保人身安全。
② 实训电路中为 220V/380V 电压,务必不要接触带电体,务必注意人身安全。

思考练习

(1) 测量功率时为什么在线路中通常都接有电流表和电压表?
(2) 总结、分析三相电路功率测量的方法与结果。

项目三　三相电路的主要设备

应知

（1）掌握磁路的基本物理量及基本定律；
（2）熟悉磁铁的分类；
（3）熟悉变压器的种类及构造；
（4）掌握变压器的工作原理；
（5）熟悉变压器功率和效率的计算方法；
（6）掌握电动机的基本原理和构造；
（7）熟悉电动机启动与调速的方法；
（8）熟悉电动机常见故障的原因。

应会

（1）会计算磁路的有关物理量；
（2）会使用电磁铁及计算有关参数；
（3）会应用变压器并能分析计算；
（4）会检测、正确接线，使用电动机；
（5）能进行电动机的电动和自锁控制。

项目导言

通过前两个项目的学习，我们知道交流电与我们的生活和生产密切相关。交流电用电设备种类繁多，传统控制设备离不开电磁铁，供电设备离不开变压器，动力设备离不开电动机。可以说电磁铁、变压器、电动机是交流电路中基本的主要设备。

由于这些设备都与磁路有关，所以我们首先要了解磁路，在此基础上再认识电磁铁、变压器和电动机，掌握电磁铁技术参数的计算方法，掌握变压器、电动机的有关知识，使大家能够正确使用电磁铁、变压器和电动机，并提高在实际电路中的分析应用技能。

任务一
认知磁路

任务描述

交流接触器是常用的开关设备,该设备是通过电磁铁的吸合和断开来控制开关的闭合和断开的,当给电磁铁通电时,电磁铁产生磁场,在磁力的作用下开关闭合,不通电时,电磁铁不产生磁场,开关断开。大多数电气设备都是运用电与磁及其相互作用等物理过程实现能量的传递和转换的,例如电动机运用载流导体在磁场中产生电磁力,将电能转换成机械能。因此在上述电气设备中都必须具备一个磁场,这个磁场是线圈通以电流产生的,通过线圈的电流叫励磁电流。

要使较小的励磁电流能够产生足够大的磁通,在变压器、电机等电磁元件中常用铁磁物质做成一定形状的铁芯,由于铁芯的磁导率比周围其它物质的磁导率高很多,因此磁通差不多全部通过铁芯而形成一个闭合回路,这部分磁通称为主磁通,所经过的路径叫磁路,如图 3-1 所示。另外还有很少一部分经过空气而形成闭合路径,这部分磁通叫漏磁通。

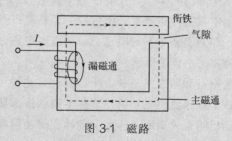

图 3-1 磁路

接下来,我们通过了解磁路的基本物理量、磁路的基本定律和电磁铁,来掌握磁路的基本规律,学会运用这些规律计算磁路的有关物理量,掌握电磁铁的有关知识,从而为学习变压器和电动机等交流电路中的设备打下理论基础。

一、磁路的基本物理量

1. 磁感应强度

磁感应强度是表示磁场内某点的磁场强弱和方向的物理量，它是一个矢量，用 **B** 表示。它的方向就是该点磁场的方向，它与电流之间的方向可用右手螺旋定则来确定，其大小是用一根电导线在磁场中受力的大小来衡量的（该导线与磁场方向垂直），即

$$B = \frac{F}{Il} \tag{3-1}$$

式中，F 为磁力，单位为牛顿（N）；I 为通过导线的电流，单位为（A）；l 为导线的长度，单位为米（m）。在国际单位制中，**B** 的单位为特斯拉（韦伯/米^2），简称特，用 T（Wb/m^2）表示。

磁感应强度的大小也可用通过垂直于磁场方向单位面积的磁力线数来表示。

2. 磁通

在磁场中，磁感应强度 B 与垂直于磁场方向的某一截面积 S 的乘积称为磁通 $\varPhi$，即

$$\varPhi = BS \tag{3-2}$$

也就是说，磁通是垂直穿过某一截面磁力线的总数。

根据电磁感应定律的公式有

$$e = -N\frac{\mathrm{d}\varPhi}{\mathrm{d}t} \tag{3-3}$$

在国际单位制中，磁通的单位为伏·秒（V·s），通常称为韦伯，用 Wb 表示。

3. 磁场强度

磁场强度是进行磁场计算时引用的一个辅助计算量，也是矢量，用 **H** 表示。通过它来确定磁场与电流间的关系。

磁场是由通过导线和线圈的电流产生的。例如电磁铁的吸力大小就取决于铁芯中磁通的多少，而磁通的多少又与通入线圈的励磁电流大小有关。对空心线圈，要计算磁场与电流之间的关系比较简单，因为介质是空气，它的磁导率是个常数，所以空心线圈产生的磁通是与励磁电流成正比的。

当线圈中具有铁芯时，因为铁磁物质的磁饱和现象，磁导率不是常数，磁通与励磁电流之间不再是正比关系，这样在研究与计算磁路时就比较麻烦，

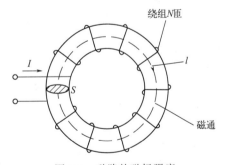

图 3-2 磁路的磁场强度

为了简化起见，引入磁场强度这样一个辅助量，当磁路由一种磁性材料组成，且各处截面积 S 相等，如图 3-2 所示，根据磁路的安培环路定律，磁路的磁场强度为

$$H = \frac{IN}{l} \tag{3-4}$$

式中，I 为励磁电流；N 为线圈匝数；l 为磁路的平均长度。H 的单位为安培/米，用 A/m 表示。

4. 磁导率

磁导率 μ 是一个用来表示磁场介质磁性的物理量，也就是用来衡量物质导磁能力的物理量。在国际单位制中，μ 的单位为亨/米，用 H/m 表示。真空的磁导率是一个常量，用 μ_0 表示。$\mu_0 = 4\pi \times 10^{-7}$ H/m，任一种物质的磁导率和真空的磁导率的比值，称为该物质的相对磁导率 μ_r，即

$$\mu_r = \frac{\mu}{\mu_0} \tag{3-5}$$

引入磁导率后，磁感应强度的大小等于磁导率与磁场强度的乘积，即

$$B = \mu H \tag{3-6}$$

这说明在相同磁场强度的情况下，物质的磁导率愈高，整体的磁场效应愈强。

二、磁路的基本定律

1. 磁路的欧姆定律

如图 3-3 所示是最简单的磁路，设一铁芯上绕有 N 匝线圈，铁芯的平均长度为 l，截面积为 S，铁芯材料的磁导率为 μ。当线圈通以电流 I 后，将建立起磁场，铁芯中有磁通 Φ 通过。

假定不考虑漏磁，则沿整个磁路的 Φ 相同，则由式(3-2)、式(3-4)、式(3-6) 可知

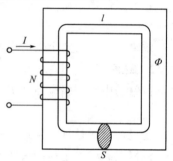

图 3-3 简单磁路示意图

$$\Phi = BS = \mu SH = \mu S \times \frac{IN}{l} = \frac{IN}{\frac{l}{\mu S}} \tag{3-7}$$

从上式可以看出，IN 愈大则 Φ 愈大，$\frac{l}{\mu S}$ 愈大则 Φ 愈小。可将 IN 理解为是产生磁通的源，故称为磁动势，用符号 F 表示，它的单位是安匝（A·匝）。$\frac{l}{\mu S}$ 对通过磁路的磁通有阻碍作用，故称为磁阻，用 R_m 表示，它的单位是 1/亨（1/H），记为 H^{-1}。

$$[R_m] = \frac{[l]}{[\mu][S]} = \frac{m}{(H/m)m^2} = H^{-1} \quad (\text{[ ] 表示单位}) \tag{3-8}$$

于是有

$$\Phi = \frac{F}{R_m} \tag{3-9}$$

式(3-9) 与电路的欧姆定律相似，故称为磁路的欧姆定律。磁动势相当于电势，磁阻相当于电阻，磁通相当于电流。即线圈产生的磁通与磁动势成正比，与磁阻成反比。若磁路上有 n 个线圈通以不同电流，则建立磁场的总磁动势为

$$F = \sum_{i=1}^{n} N_i I_i \tag{3-10}$$

必须指出，式(3-9) 表示的磁路欧姆定律，只有在磁路的气隙或非铁磁物质部分是正确的，才保持磁通与磁动势成正比例的关系。在有铁磁材料的各段，R_m 因 μ 随 B 或 Φ 变化而不是常数，这时必须利用 B 与 H 的非线性曲线关系，由 B 决定 H 或由 H 决定 B。

2. 认识磁路的基尔霍夫磁通定律

（1）基尔霍夫磁通定律。计算比较复杂的磁路问题，常涉及汇合点上多个磁通的关系。如图 3-4 所示为有两个励磁线圈的较复杂磁路。设磁路分为三段，各段的磁通分别为 Φ_1、Φ_2、Φ_3，它们的参考方向标在图中，H 和 B 的参考方向与磁通一致（相关联），故未另标出。如忽略漏磁通，根据磁通连续性原理，在 Φ_1、Φ_2、Φ_3 的汇合点做一闭合面 S，即穿入任一封闭面的总磁通量为零。式（3-11）与电路的 KCL 形式相似，故称为基尔霍夫磁通定律。如果把穿出闭合面 S 的磁通前面取正号，则穿入闭合面 S 的磁通前面应取负号，即各分支磁路连接处闭合面上磁通代数和等于零。

$$-\Phi_1-\Phi_2+\Phi_3=0 \tag{3-11}$$
$$\sum\Phi=0 \tag{3-12}$$

如考虑有漏磁通，磁通连续性原理和基尔霍夫磁通定律仍然成立，不过要把漏磁通计算在内。

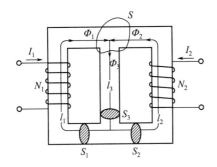

图 3-4 有两个励磁线圈的较复杂磁路

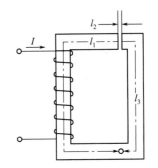

图 3-5 不同材料组成的磁路

（2）基尔霍夫磁压定律。若磁路是由几种不同的材料和长度及截面积组成的，如图 3-5 所示的继电器的磁路，它由 l_1、l_2、l_3 串联闭合而成，其总磁动势为

$$F=NI=\Phi(R_{m1}+R_{m2}+R_{m3})=\Phi\left(\frac{l_1}{\mu_1 S_1}+\frac{l_2}{\mu_2 S_2}+\frac{l_3}{\mu_3 S_3}\right)$$
$$=B_1\times\frac{l_1}{\mu_1}+B_2\times\frac{l_2}{\mu_2}+B_3\times\frac{l_3}{\mu_3}=l_1 H_1+l_2 H_2+l_3 H_3 \tag{3-13}$$

式中，$l_1 H_1$、$l_2 H_2$、$l_3 H_3$ 称为磁路各段的磁压降。式（3-13）说明，在磁路中，沿任意闭合路径磁压降的代数和等于总磁动势。式（3-13）在形式上与电路中 KVL 相似，故称为磁路的基尔霍夫定律。

3. 计算磁路的有关物理量

【例 3-1】 在图 3-6 所示铁芯线圈中通直流，磁路平均长度 $l=30\text{cm}$，截面积 $S=10\text{cm}^2$，$N=1000$ 匝，材料为铸钢，工作点上相对磁导率 $\mu_r=1137\text{H/m}$。（1）欲在铁芯中建立磁通 $\Phi=0.001\text{Wb}$，线圈电阻 $R=100\Omega$，应加多大电压 U？（2）若铁芯某处有一缺口，即磁路中有一空气隙，长度 $l=0.2\text{cm}$，铁芯和线圈的参数不变，此时需要多大电流，才能建立 0.001Wb 的磁通。

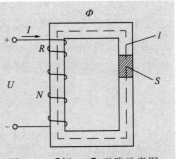

图 3-6 【例 3-1】磁路示意图

解：（1） $B=\dfrac{\Phi}{S}=\dfrac{0.001}{10\times 10^{-4}}=1(\text{T})$

$$H = \frac{B}{\mu} = \frac{B}{\mu_r \mu_0} = \frac{1}{1137 \times 4\pi \times 10^{-7}} = 700 \text{A/m}$$

μ_r 并非常数,它随 B 值而变,一般在已知 B 时查阅材料磁化曲线确定 H,它与此处所得结果相同,说明给定的 μ_r 是准确的。

总磁动势为 $\quad F = NI = Hl = 700 \times 30 \times 10^{-2} = 210(\text{A} \cdot \text{匝})$

$$I = \frac{F}{N} = \frac{210}{1000} = 0.21(\text{A})$$

$$U = IR = 0.21 \times 100 = 21(\text{V})$$

(2) 因气隙中的截面积和磁通与铁芯相同,故 $B_0 = 1\text{T}$,所以

$$H_0 = \frac{B_0}{\mu_0} = \frac{1}{4\pi \times 10^{-7}} = 8 \times 10^5 (\text{A/m})$$

$$H_0 l_0 = 8 \times 10^5 \times 0.2 \times 10^{-2} = 1600 (\text{A} \cdot \text{匝})$$

总磁动势为

$$F' = NI = Hl + H_0 l_0 = 210 + 1600 = 1810 (\text{A} \cdot \text{匝})$$

$$I = \frac{F'}{N} = \frac{1810}{1000} = 1.8(\text{A})$$

在磁路中总是希望空气隙尽可能小,以降低气隙磁阻,使相应的磁动势建立更大的磁通。

三、电磁铁

利用通电线圈在铁芯里产生磁场,由磁场产生吸力的机构统称为电磁铁。电磁铁是把电能转换为机械能的一种设备,通过电磁铁的衔铁可以获得直线运动和一定角度的回转运动。电磁铁是一种重要的电气设备。工业上经常利用电磁铁完成起重、制动力、吸持及开闭等机械动作。在自动控制系统中经常利用电磁铁附上触头及相应部件做成各种继电器、接触器、调整器及驱动机构等。

接下来,我们通过学习电磁铁的分类,计算电磁铁的技术参数,使大家掌握电磁铁的有关知识。

1. 电磁铁的分类及特点

电磁铁可分为线圈、铁芯及衔铁三部分。它的结构形式通常有图 3-7 所示的几种。按照电磁铁线圈中流过电流的不同,又分为直流电磁铁和交流电磁铁。

(1) 直流电磁铁。电磁铁的吸力是它的主要参数之一。吸力的大小与气隙的截面积 S_0 及气隙中磁感应强度 B_0 的平方成正比。计算吸力的基本公式为

$$F = \frac{10^7}{8\pi} B_0^2 S_0 \tag{3-14}$$

式中,B_0 的单位是 T;S_0 的单位是 m^2。国际单位制中,F 的单位是 N。

直流电磁铁的特点:

① 铁芯中的磁通恒定,没有铁损,铁芯用整块材料制成;

② 励磁电流 $I = U/R$,与衔铁的位置无关,外加电压全部加在线圈电阻 R 上,R 的电

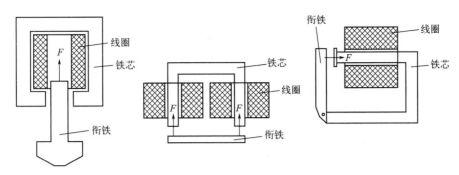

图 3-7 电磁铁的几种结构形式示意图

阻值较大；

③ 当衔铁吸合时，由于磁路气隙减小，磁阻随之减小，磁通 Φ 增大，因而衔铁被牢牢吸住。

衔铁吸合过程中励磁电流 I、吸力 F 与气隙长度 l_0 的关系曲线如图 3-8 所示。

（2）交流电磁铁。交流电通过线圈时，在铁芯中产生交变磁通，因为电磁力与磁通的平方成正比，所以当电流改变方向时，牵引力的方向并不变，而是朝一个方向将衔铁吸向铁芯，正如永久磁铁，无论 N 极或 S 极，都因磁感应会吸引衔铁一样。

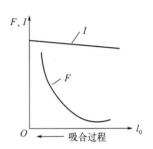

图 3-8 励磁电流、吸力与气隙长度的关系曲线

交流电磁铁中磁场是交变的，设气隙中的磁感应强度是 $B_0 = B_m \sin(\omega t)$，则吸力为

$$F_{吸} = \frac{10^7}{8\pi} B_m^2 S_0 \sin^2(\omega t) = \frac{10^7}{8\pi} B_m^2 S_0 \left[\frac{1-\cos(2\omega t)}{2}\right]$$

$$= F_m \left[\frac{1-\cos(2\omega t)}{2}\right] = \frac{1}{2} F_m - \frac{1}{2} F_m \cos(2\omega t) \tag{3-15}$$

式中，$F_m = \frac{10^7}{8\pi} B_m^2 S_0$ 是电磁吸力的最大值。由上式可知，吸力的瞬时值是由两部分组成，一部分为恒定分量，另一部分为交变分量。但吸力的大小取决于平均值，设吸力平均值为 F，则有

$$F = \frac{1}{T} \int_0^T f \, dt = \frac{1}{2} F_m = \frac{10^7}{16\pi} B_m^2 S_0 \tag{3-16}$$

可见吸力平均值等于最大值的一半，这说明在最大电流值及结构相同的情况下，直流电磁铁的吸力比交流电磁铁的吸力大一倍。如果交流励磁磁感应强度的有效值等于直流励磁磁感应强度的值，则交流电磁吸力平均值等于直流电磁吸力。

虽然交流电磁铁的吸力方向不变，但它的大小是变动的，如图 3-9 所示。当磁通经过零值时，电磁吸力为零，往复脉动 100 次，即以两倍的频率在零与最大值 F_m 之间脉动，因而衔铁以 2 倍电源频率在颤动，引起噪声，同时触点容易损坏。为了消除这种现象，可在磁极的部分端面上套一个短路环，如图 3-10 所示，于是在短路环中便产生感应电流，以阻碍磁通的变化，使在磁极两部分中的磁通 Φ_1、Φ_2 之间产生一相位差，因而磁极各部分的吸力也就不会同时降为零，这就消除了衔铁的颤动，当然也就消除了噪声。

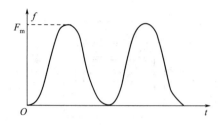
图 3-9 交流电磁铁的吸力变化图

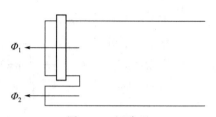
图 3-10 短路环

交流电磁铁的特点如下：

① 由于励磁电流 I 是交变的，所以铁芯中产生交变磁通。一方面使铁芯中产生磁滞损失和涡流损失，为减少这种损失，交流电磁铁的铁芯一般用硅钢片叠成。另一方面使线圈中产生感应电动势，外加电压主要用于平衡线圈中的感应电动势，线圈电阻 R 较小。

② 励磁电流 I 与气隙大小 l_0 有关。在吸合过程中，随着气隙的减小，磁阻减小，因磁通最大值 Φ_m 基本不变，故磁动势 IN 下降，即励磁电流 I 下降。

③ 因磁通最大值 Φ_m 基本不变，所以平均电磁吸力 F 在吸合过程中基本不变。

2. 计算电磁铁的技术参数

【例 3-2】 已知交流电磁铁磁路如图 3-11 所示，衔铁受到弹簧反作用力 10N，额定电压 $U_N = 220V$，求铁芯截面。

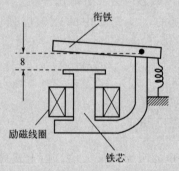
图 3-11 【例 3-2】图

解： 一般交流电磁铁磁路的磁感应强度 B 可在 0.2~1T 范围内选择，在此处选定 $B = 0.5T$，于是铁芯截面积 S 可由下式求得

$$F_0 = \frac{1}{2} F_m = \frac{10^7}{16\pi} B_m^2 S_0$$

则

$$S_0 = \frac{16\pi F_0}{B_m^2} \times 10^{-7} = \frac{16\pi \times 10}{0.25} \times 10^{-7} = 2 \times 10^{-4} (cm^2)$$

任务二
认知变压器

任务描述

变压器是根据电磁感应原理制成的一种静止的电气设备,它的基本作用是变换交流电压,即把电压从某一数值的交流电变为频率相同但电压为另一数值的交流电。在输电方面,为了节省输电导线的用铜量和减少线路上的电压降及线路的功率损耗,通常利用变压器升高电压;在用电方面,为了用电安全,可利用变压器降低电压。此外,变压器还可用于变换电流大小和变换阻抗大小。

通过了解变压器的种类及基本构造、变压器的工作原理,计算变压器的变压比,掌握变压器的外特性、功率和效率,使大家掌握变压器的相关知识,并能够在实际应用中正确分析使用变压器。

一、变压器的种类及基本构造

变压器的种类很多,根据其用途不同有:远距离输配电用的电力变压器;机床控制用的控制变压器;电子设备和仪器供电电源用的电源变压器;焊接用的焊接变压器;平滑调压用的自耦变压器;测量仪表用的互感器以及用于传递信号的耦合变压器等。

无论何种变压器,其基本构造和工作原理是相同的,都由铁磁材料构成的铁芯和绕在铁芯上的线圈(亦称绕组)两部分组成。变压器常见的结构形式有两类:芯式变压器和壳式变压器。如图3-12所示,芯式变压器的特点是绕组包围铁芯,它的用铁量较少,构造简单,绕组的安装和绝缘处理比较容易,因此多用于容量较大的变压器中。壳式变压器如图3-13所示,其特点是铁芯包围绕组。这种变压器用铜量较少,多用于小容量的变压器。

变压器最基本的结构是铁芯和绕组。

铁芯是变压器的磁路部分,为了减少铁芯中的涡流损耗,铁芯通常用含硅量较高、厚度为0.35mm的硅钢片交叠而成,为了隔绝硅钢片相互之间的电的联系,每一硅钢片的两面

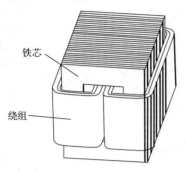
图 3-12 芯式变压器结构示意图

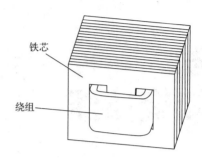
图 3-13 壳式变压器结构示意图

都涂有绝缘清漆。

绕组是变压器的电路部分,用绝缘铜导线或铝导线绕制,绕制时多采用圆柱形绕组。通常电压高的绕组称为高压绕组,电压低的绕组称为低压绕组,低压绕组一般靠近铁芯放置,而高压绕组则置于外层。为了防止变压器内部短路,在绕组和绕组之间、绕组和铁芯之间,以及每绕组的各层之间,都必须绝缘良好。

除了铁芯和绕组之外,变压器一般有外壳,用来保护绕组免受机械损伤,并起散热和屏蔽作用。较大容量的还具有冷却系统、保护装置以及绝缘套管等。大容量变压器通常采用三相变压器。

二、变压器的工作原理

图 3-14 为变压器原理图。为了便于分析,图中将原绕组和副绕组分别画在两边。与电源连接的一侧称为原边(或称初级),变压器原边各量均用下脚 "1" 表示,如 N_1、u_1、i_1 等;与负载连接的一侧称为副边(或称次级),变压器副边各量均用下脚 "2" 表示,如 N_2、u_2、i_2 等。下面分空载和负载两种情况来分析变压器的工作原理。

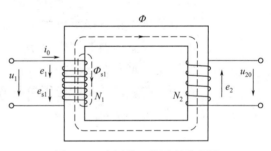
图 3-14 变压器工作原理示意图

1. 变压器空载运行及电压变换

变压器空载运行是将变压器的原绕组两端加上交流电压,副绕组不接负载的情况。

在外加正弦交流电压 u_1 作用下,原绕组内有电流 i_0 流过。由于副绕组开路,副绕组内没有电流,故将此时原绕组内的电流 i_0 称为空载电流。该电流通过匝数为 N_1 的原绕组产生磁动势 $i_0 N_1$,并建立交变磁场。由于铁芯的磁导率比空气或油的磁导率大得多,因而绝大部分磁通经过铁芯而闭合,并与原、副绕组交连,这部分磁通称为主磁通,用 Φ 表示。主磁通穿过原绕组和副绕组,并在其中感应产生电动势 e_1 和 e_2。另有一小部分漏磁通 Φ_{s1} 不经过铁芯而通过空气或油闭合,它仅与原绕组本身交连。漏磁通在变压器中感应的电动势仅起电压降的作用,不传递能量。下面讨论中均略去漏磁通及漏磁通产生的电压降。

上述的电磁关系可表示如下

$$e_1 = -N_1 \frac{d\Phi}{dt}$$

$$u_1 \to i_0 \to i_0 N_1 \to \Phi$$

$$e_2 = -N_2 \frac{d\Phi}{dt} = u_{20}$$

u_{20} 为副绕组的空载端电压。

由基尔霍夫电压定律，按图 3-14 所规定的电压、电流和电动势的正方向，可列出原、副绕组的瞬时电压平衡方程式，即

$$u_1 = i_0 R_1 - e_1 = i_0 R_1 + N_1 \frac{d\Phi}{dt}$$

$$u_{20} = e_2 = -N_2 \frac{d\Phi}{dt} \tag{3-17}$$

式中，R_1 为原绕组的电阻。若用相量形式表示，式(3-17) 可写成

$$\dot{U}_1 = \dot{I}_0 R_1 + (-\dot{E}_1)$$

$$\dot{U}_{20} = \dot{E}_2 \tag{3-18}$$

由于一般变压器在空载时励磁电流 i_0 很小，通常为原绕组额定电流的 3%～10%，所以原绕组的电阻压降 $i_0 R_1$ 很小，可近似认为

$$u_1 \approx -e_1 \quad \text{或} \quad \dot{U}_1 \approx -\dot{E}_1$$

因此

$$\frac{\dot{U}_1}{\dot{U}_2} \approx -\frac{\dot{E}_1}{\dot{E}_2} \tag{3-19}$$

其有效值之比为

$$\frac{U_1}{U_2} \approx \frac{E_1}{E_2} = \frac{N_1}{N_2} = K \tag{3-20}$$

式中，K 称为变压器的变比，即原、副绕组的匝数比。当 $K<1$ 时，为升压变压器；当 $K>1$ 时，为降压变压器。

必须指出，变压器空载时，若外加电压的有效值 U_1 一定，主磁通 Φ 的最大值也基本不变，如 $\Phi = \Phi_m \sin(\omega t)$，则有

$$\dot{U}_1 \approx -\dot{E}_1 = j4.44 f N_1 \Phi_m \tag{3-21}$$

式中，f 为电源频率。

用有效值形式表示

$$U_1 = E_1 = 4.44 f N_1 \Phi_m \tag{3-22}$$

在式(3-22) 中：当 f、N_1 为定值时，主磁通最大值 Φ_m 的大小只取决于外加电压有效值 U_1 的大小，而与是否接负载无关。若外加电压 U_1 不变，则主磁通最大值 Φ_m 也不变。这个关系对分析变压器的负载运行及电动机的工作原理都非常重要。

2. 变压器负载运行及电流变换

变压器负载运行是将变压器的原绕组接上电源，副绕组接上负载的情况，如图 3-15 所

示。副绕组接上负载 Z 后，在电动势 e_2 的作用下，变压器的副绕组上就有电流 i_2 流过，即有电能输出。原绕组与副绕组之间没有电的直接联系，只有磁通与原、副绕组形成的磁耦合来实现能量传递。那么，原、副绕组电流之间的关系是怎样呢？

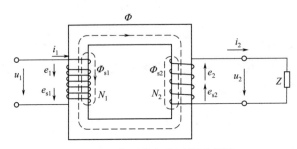

图 3-15 变压器负载运行示意图

变压器未接负载前，其原绕组上的电流为 i_0，它在原绕组上产生磁动势 i_0N_1，在铁芯中产生磁通 Φ。接上负载后，副绕组电流 i_2 产生磁动势 i_2N_2，根据楞次定律，i_2N_2 将阻碍铁芯中主磁通 Φ 的变化，企图改变主磁通的最大值 Φ_m。但是，当电源电压有效值 U_1 和频率 f 一定时，由式 $U_1=E_1=4.44fN_1\Phi_m$ 可知，U_1 和 Φ_m 近似恒定。因而，随着负载电流 i_2 的出现，通过原绕组电流 i_0 及产生的磁动势 i_0N_1 必然也随之增大，至 i_1N_1 以维持磁通最大值 Φ_m 基本不变，即与空载时的 Φ_m 大小接近。因此，有负载时产生主磁通的原、副绕组的合成磁动势 $(i_1N_1+i_2N_2)$ 应该与空载时产生主磁通的原绕组的磁动势 i_0N_1 差不多相等，即

$$i_1N_1+i_2N_2\approx i_0N_1$$

用相量表示

$$\dot{I}_1N_1+\dot{I}_2N_2\approx \dot{I}_0N_1 \tag{3-23}$$

式(3-23)称为磁动势平衡方程式。有负载时，原绕组磁动势 i_1N_1 可视为两个部分：i_0N_1 用来产生主磁通 Φ；i_2N_2 用来抵消副绕组电流 i_2 所建立的磁动势 i_2N_2 以维持铁芯中的主磁通最大值 Φ_m 基本不变。

由式(3-23)得到

$$\dot{I}_1\approx \dot{I}_0+\left(-\frac{N_2}{N_1}\dot{I}_2\right) \tag{3-24}$$

一般情况下，空载电流 I_0 只占原绕组额定电流 I_{1N} 的 $3\%\sim10\%$，可以略去不计。于是式(3-24)可写成

$$\dot{I}_1\approx -\frac{N_2}{N_1}\dot{I}_2 \tag{3-25}$$

由式(3-25)可知，原、副绕组的电流关系为

$$\frac{I_1}{I_2}\approx \frac{N_2}{N_1}=\frac{1}{K} \tag{3-26}$$

式(3-26)表明变压器原、副绕组的电流之比近似与它们的匝数成反比。

必须注意，式(3-26)是在忽略空载电流的情况下获得的，若变压器在空载或轻载下运行就不适用了。

3. 阻抗变换

变压器除了变换电压和变换电流外，还可进行阻抗变换，以实现"匹配"。

在图 3-16(a) 中，负载阻抗 Z 接在变压器副边，而图中的虚线框中部分可用一个阻抗 Z' 来等效代替，如图 3-16(b) 所示。两者的关系可通过下面的计算得出。

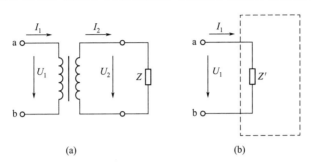

图 3-16 变压器实现阻抗变换示意图

根据式(3-20) 和式(3-26) 可得出

$$\frac{U_1}{I_1} \approx \frac{\frac{N_1}{N_2}U_2}{\frac{N_2}{N_1}I_2} = \left(\frac{N_1}{N_2}\right)^2 \frac{U_2}{I_2} = K^2 \frac{U_2}{I_2}$$

由图 3-16(b) 可知：
$$\frac{U_1}{I_1} = Z'$$

由图 3-16(a) 可知：
$$\frac{U_2}{I_2} = Z$$

代入后得
$$Z' = K^2 Z \tag{3-27}$$

式(3-27) 中 Z' 和 Z 为阻抗的大小。它表明在忽略漏磁阻抗影响下，只需调整匝数比，就可把负载阻抗变换为所需要的数值，且负载性质不变。通常称为阻抗匹配。

【**例 3-3**】 有一信号源的电动势为 1.5V，内阻抗为 300Ω，负载阻抗为 75Ω。欲使负载获得最大功率，必须在信号源和负载之间接一阻抗匹配变压器，使变压器的输入阻抗等于信号源的内阻抗，如图 3-17 所示。问变压器的变压比，原、副边的电流各为多少？

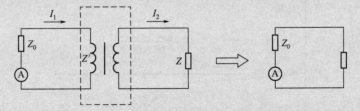

图 3-17 【例 3-3】图

解：依题意，负载阻抗 $Z = 75Ω$，变压器的输入阻抗 $Z' = Z_0 = 300Ω$。应用变压器的阻抗变换公式，可求得变比为

$$K = \frac{N_1}{N_2} = \sqrt{\frac{Z'}{Z}} = \sqrt{\frac{300}{75}} = 2$$

因此，信号源和负载之间接一个变比为2的变压器就能达到阻抗匹配的目的。这时变压器的原边电流

$$I_1 = \frac{E}{Z_0 + Z_1} = \frac{1.5}{300+300} = 2.5 \text{(mA)}$$

副边的电流

$$I_2 = KI_1 = 2 \times 2.5 = 5 \text{(mA)}$$

三、变压器的外特性、功率和效率

1. 变压器的额定值

使用变压器时，应了解变压器的额定值。变压器正常运行的状态和条件，称为变压器的额定工作情况。表征变压器额定工作情况的电压、电流和功率等数值，称为变压器的额定值，它一般标在变压器的铭牌上。

(1) 额定容量 S_N。变压器的额定容量指它的额定视在功率，以伏安(VA)或千伏安(kVA)为单位。在单相变压器中，$S_N = U_{2N} I_{2N}$，在三相变压器中，$S_N = \sqrt{3} U_{2N} I_{2N}$。

(2) 额定电压 U_{1N} 和 U_{2N}。原绕组的额定电压 U_{1N} 是指原绕组上应加的电源电压或输入电压，副绕组的额定电压 U_{2N} 是指原绕组加上额定电压时副绕组的空载电压（U_{20}）。在三相变压器铭牌上给出的额定电压 U_{1N} 和 U_{2N} 均为原、副绕组的线电压。

(3) 额定电流 I_{1N} 和 I_{2N}。变压器的额定电流 I_{1N} 和 I_{2N} 是根据绝缘材料所允许的温度而规定的原、副绕组中允许长期通过的最大电流值。在三相变压器中，I_{1N} 和 I_{2N} 均为原、副绕组的线电流。

变压器的额定值取决于变压器的构造和所用的材料。使用变压器时一般不能超过其额定值，此外，还必须注意：其工作温度不能过高，原、副绕组必须分清，并防止变压器绕组短路，以免烧毁变压器。

2. 变压器的外特性

变压器的外特性是指电源电压 U_1、f_1 为额定值，负载功率因数 $\cos\varphi$ 一定时，U_2 随 I_2 变化的关系曲线，即 $U_2 = f(I_2)$，如图 3-18 所示。

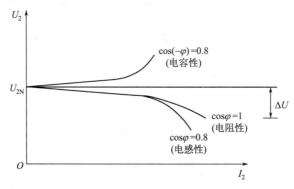

图 3-18 变压器的外特性示意图

从外特性曲线中可清楚地看出，负载变化时所引起的变压器副边电压 U_2 的变化程度，既与原、副绕组的漏磁阻抗（包括原副绕组的电阻及漏磁感抗）有关，又与负载的大小及性

质有关。对于电阻性和电感性负载而言，U_2 随负载电流 I_2 的增加而下降，其下降程度还与负载的功率因数有关。对电容性负载来说，U_2 可能高于 U_{2N}，外特性曲线是上翘的。

变压器副边电压 U_2 随 I_2 变化的程度用电压变化率 ΔU 表示，即

$$\Delta U = \frac{U_{20} - U_2}{U_{20}} \times 100\% \tag{3-28}$$

在一般变压器中，由于其绕组电阻和漏磁感抗均甚小，电压变化率是不大的，约 2%~5%。

变压器的电压变化率表征了电网电压的稳定性，一定程度上反映了变压器供电的质量，是变压器的主要性能指标之一。为了改善电压稳定性，对电感性负载，可在负载两端并联适当容量的电容器，以提高功率因数和减小电压变化率。

3. 变压器的功率

变压器原绕组的输入功率为

$$P_1 = U_1 I_1 \cos\varphi_1 \tag{3-29}$$

式中，φ_1 为原绕组电压与电流的相位差。

变压器副绕组的输出功率为

$$P_2 = U_2 I_2 \cos\varphi_2 \tag{3-30}$$

式中，φ_2 为副绕组电压与电流的相位差。

输入功率与输出功率的差就是变压器所损耗的功率，即

$$\Delta P = P_1 - P_2 \tag{3-31}$$

变压器的功率损耗，包括铁损 ΔP_{Fe}（铁芯的磁滞损耗和涡流损耗）和铜损 ΔP_{Cu}（线圈导线电阻的损耗）。即

$$\Delta P = \Delta P_{Fe} + \Delta P_{Cu} \tag{3-32}$$

铁损和铜损可以用实验方法测量或计算求出，铜损与负载大小有关，是可变损耗；而铁损与负载大小无关，当外加电压和频率确定后，一般是常数。

4. 变压器的效率

变压器的效率等于变压器输出功率与输入功率之比的百分值，即

$$\eta = \frac{P_2}{P_1} \times 100\% = \frac{P_2}{P_2 + \Delta P_{Fe} + \Delta P_{Cu}} \times 100\% \tag{3-33}$$

变压器的效率较高。大容量变压器在额定负载时的效率可达 98%~99%，小型电源变压器的效率约为 70%~80%。

变压器的效率还与负载有关，轻载时效率很低，因此应合理选用变压器的容量，避免长期轻载或空载运行。

5. 判别变压器绕组的极性

变压器在使用中有时需要把绕组串联以提高电压，或把绕组并联以增大电流，但必须注意绕组的正确连接。例如，一台变压器的原绕组有相同的两个绕组，如图 3-19(a) 中的 1-2 和 3-4。假定每个绕组的额定电压为 110V，当接到 220V 的电源上时，应把两绕组的异极性端串联，如图 3-19(b)；接到 110V 的电源上时，应把两绕组的同极性端并联，如图 3-19(c)。如果连接错误，若串联时将 2 和 4 两端连在一起，将 1 和 3 两端接电源，此时两个绕组的磁动势就互相抵消，铁芯中不产生磁通，绕组中也就没有感应电动势，绕组中将流过很

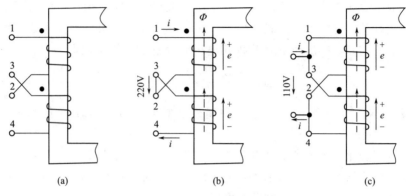

图 3-19 变压器绕组的连接

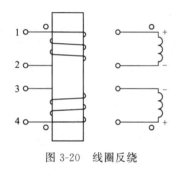

图 3-20 线圈反绕

大的电流,把变压器烧毁。

为了正确连接,在线圈上标以记号"·"。标有"·"号的两端称为同极性端,又称同名端。图 3-19 中的 1 和 3 是同名端,当然 2 和 4 也是同名端。当电流从两个线圈的同名端流入(或流出)时,产生的磁通方向相同;或者当磁通变化(增大或减小)时,在同名端感应电动势的极性也相同。在图 3-20 中,绕组中的电流是增加的,故感应电动势 e 的极性(或方向)如图 3-20 所示。

应该指出,只有额定电流相同的绕组才能串联,额定电压相同的绕组才能并联,否则,即使极性连接正确,也可能使其中某一绕组过载。如果将其中一个线圈反绕,如图 3-20 所示,则 1 和 4 两端应为同名端。串联时应将 2 和 4 两端连在一起。可见,同名端的标定,还与绕圈的绕向有关。

当一台变压器引出端未注明极性或标记脱落,或绕组经过浸漆及其他工艺处理,从外观上已看不清绕组的绕向时,通常用下述两种实验方法来测定变压器的同名端。

(1)交流法。用交流法测定绕组极性的电路如图 3-21(a) 所示。将两个绕组 1-2 和 3-4 的任意两端(如 2 和 4)连接在一起,在其中一个绕组(如 1-2)的两端加一个比较低的便于测量的交流电压。用伏特计分别测量 1 和 3 两端的电压 U_{13} 和两绕组的电压 U_{12} 及 U_{34} 的数值,若 U_{13} 是两绕组的电压之差,即 $U_{13}=U_{12}-U_{34}$,则 1 和 3 是同极性端;若 U_{13} 是两绕组电压之和,即 $U_{13}=U_{12}+U_{34}$,则 1 和 4 是同极性端。

(2)直流法。用直流法测定绕组极性的电路如图 3-21(b)所示。当开关 S 闭合瞬间,如果电流计的指针正向偏转,则 1 和 3 是同极性端,若反向偏转,则 1 和 4 是同极性端。

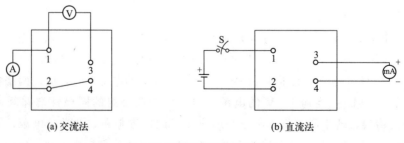

图 3-21 测定变压器的同名端

6. 变压器应用案例

【例 3-4】 某动力车间有 2 台额定容量为 2kVA、电压为 380V/110V 的单相变压器,负载为 110V、25W、$\cos\varphi=0.8$ 的小型单相电动机 100 台。

(1) 若只使用 1 台变压器:①求原、副边的额定电流;②满载运行时可接入多少这样的电动机?(2) 若将 100 个电动机全部投入使用,请问两个变压器将怎样连接。

解:

(1) 使用 1 台变压器时:

① 原、副边的额定电流为

$$I_{1N}=\frac{S_N}{U_{1N}}=\frac{2000}{380}=5.26(A)$$

$$I_{2N}=\frac{S_N}{U_{2N}}=\frac{2000}{110}=18.18(A)$$

② 每台小电机的额定电流为

$$I=\frac{P}{U\cos\varphi}=\frac{25}{110\times 0.8}=0.28(A)$$

故可接 $\frac{18.18}{0.28}=65(台)$

(2) 将 2 台变压器并联使用,其副边的视在功率 S_N 为 4kVA,其副边的额定电流 I_{2N} 为 36.36A,36.36/0.28=130 台,故可将 100 个电动机全部投入使用。

任务三
认知电动机

任务描述

电动机是一种旋转式电动机器,它将电能转变为机械能,主要包括一个用以产生磁场的电磁铁绕组或分布的定子绕组和一个旋转电枢或转子。

电动机能提供的功率范围很大,从毫瓦级到千瓦级。机床、水泵,需要电动机带动;电力机车、电梯,需要电动机牵引。家庭生活中的电扇、冰箱、洗衣机,甚至各种电动玩具都离不开电动机。电动机已经应用在现代社会生活中的各个方面。

电动机的种类很多,按照采用的电源不同,可分为交流电动机和直流电动机。

交流电动机又分为三相异步电动机和同步电动机。三相异步电动机是基于定子旋转磁场(定子绕组内三相电流所产生的合成磁场)和转子电流(转子绕组内的电流)的相互作用的。按照结构不同又分为绕组式异步电动机和笼型异步电动机,异步电动机主要有Y系列和JSJ系列。同步电动机是由直流供电的励磁磁场与电枢的旋转磁场相互作用而产生转矩,以同步转速旋转的交流电动机。由于同步电动机的转子转速与定子旋转磁场的转速相同,其具有运行稳定性高和过载能力大等特点,常用于多机同步传动系统、精密调速稳速系统和大型设备(如轧钢机)等。同步电动机在结构上有转子用直流电进行励磁和转子不需要励磁的同步电机两种,其型号为TD系列和TDMK系列。

直流电动机是将直流电能转换为机械能的电动机。因其良好的调速性能而在电力拖动中得到广泛应用。直流电动机按励磁方式分为永磁、他励和自励3类,其中自励又分为并励、串励和复励3种。

我们通过了解电动机的基本原理、三相异步电动机的构造、电动机型号参数,以及电动机的启动与调速方法,学习三相笼型异步电动机的使用,学习三相笼型异步电动机点动和自锁控制,使大家初步认识电动机,掌握常用电动机的使用及连接方法,为在实际工作中能熟练应用电动机打下一定的理论基础,并培养基本技能。

一、电动机的基本原理

电动机工作的基本原理是载流导体与磁场相互作用而产生电磁力,电磁力对转子转轴形成转矩,在转矩的作用下,电动机转子便转动起来。下面以三相异步电动机为例,来介绍电动机的工作原理。

1. 旋转磁场

(1) 旋转磁场的产生。三相异步电动机的定子绕组嵌放在定子铁芯槽内,按一定规律连接成三相对称结构。三相绕组 AX、BY、CZ 在空间互成120°,它可以连接成星形,也可以连接成三角形。当三相绕组接至三相对称电源时,则三相绕组中便通入三相对称电流 i_A、i_B、i_C

$$i_A = I_m \sin(\omega t)$$
$$i_B = I_m \sin(\omega t - 120°)$$
$$i_C = I_m \sin(\omega t + 120°)$$

电流的参考方向和随时间变化的波形图见图 3-22。

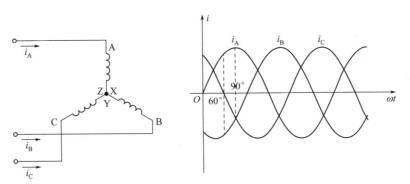

图 3-22 电流的参考方向和随时间变化的波形图

旋转磁场的产生过程见图 3-23。

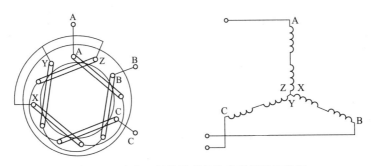

图 3-23 产生四极旋转磁场的定子绕组示意图

由分析可知,当定子绕组中通入三相电流后,当三相电流不断地随时间变化时,它们共同产生的合成磁场也随着电流的变化而在空间不断地旋转着,这就是旋转磁场。这个旋转磁场同磁极在空间旋转所产生的作用是一样的。

(2) 旋转磁场的转向。从旋转磁场可以看出,在 $\omega t=0°$ 的时,A 相的电流 $i_A=0$,此时旋转磁场的轴线与 A 相绕组的轴线垂直;当 $\omega t=90°$ 时,A 相的电流 $i_A=+I_m$ 达到最大,这时旋转磁场轴线的方向恰好与 A 相绕组的轴线一致。三相电流出现正幅值的顺序为 A—B—C,因此旋转磁场的旋转方向与通入绕组的电流相序是一致的,即旋转磁场的转向与三相电流的相序一致。如果将与三相电源相连接的电动机三根导线中的任意两根对调一下,则定子电流的相序随之改变,旋转磁场的旋转方向也发生改变,电动机就会反转,见图 3-24。

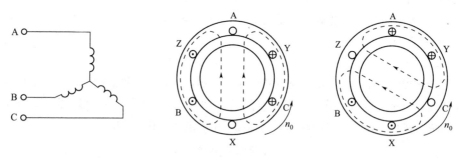

图 3-24 旋转磁场的转向示意图

(3) 旋转磁场的极数。三相异步电动机的极数就是旋转磁场的极数。旋转磁场的极数和三相定子绕组的安排有关。如果每相绕组只有一个线圈,三相绕组的始端之间相差 120°,则产生的旋转磁场具有一对极,即 $p=1$,如图 3-25 所示。

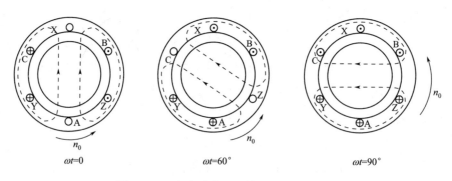

图 3-25 三相电流产生的旋转磁场($p=1$)

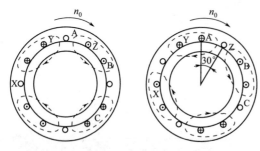

图 3-26 三相电流产生的旋转磁场($p=2$)

如果每相绕组有两个均匀安排的线圈串联,三相绕组的始端之间只相差 60°的空间角,则产生的旋转磁场具有两对极,即 $p=2$,见图 3-26。

同理,如果要产生三对极,即 $p=3$ 的旋转磁场,则每相绕组必须有均匀安排的三个线圈串联,三相绕组的始端之间相差 40°的空间角。

(4) 旋转磁场的转速。三相异步电动机的转速与旋转磁场的转速有关，而旋转磁场的转速取决定旋转磁场的极数。可以证明在磁极对数 $p=1$ 的情况下，三相定子电流变化一个周期，所产生的合成旋转磁场在空间亦旋转一周。当电源频率为 f 时，对应的旋转磁场转速 $n_0=60f$。当电动机的旋转磁场具有 p 对磁极时，合成旋转磁场的转速为

$$n_0 = \frac{60f}{p}(\text{r/min})$$

式中，n_0 称为同步转速即旋转磁场的转速，其单位为 r/min（转/分）。我国电力网电源频率 $f=50\text{Hz}$，故当电动机磁极对数 p 分别为 1、2、3、4 时，相应的同步转速 n_0 分别为 3000、1500、1000、750 r/min。

2. 电动机转动原理

(1) 三相异步电动机转动的理论分析。图 3-27 为三相异步电动机工作原理示意图。当三相定子绕组接至三相电源后，三相绕组内将流过对称的三相电流，并在电动机内产生一个旋转磁场。当 $p=1$ 时，图中用一对以恒定同步转速 n_0（旋转磁场的转速）按顺时针方向旋转的电磁铁来模拟该旋转磁场。在旋转磁场的作用下，转子导体逆时针方向切割磁力线而产生感应电动势。感应电动势的方向由右手定则确定。由于转子绕组是短接的，所以在感应电动势的作用下，产生感应电流，即转子电流 I_2。载流导体与旋转磁场相互作用，就会产生电磁力 F。由于转子的轴位置是固定的，在电磁力 F 的作用下，转子上会产生电磁转矩。在电磁

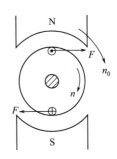

图 3-27 三相异步电动机工作原理示意图

转矩的作用下，转子就转动起来。由于我们分析的这种电动机的转子电流是由电磁感应而产生的，因此这种电动机又称为感应电动机。

由图 3-27 可见，电磁转矩与旋转磁场的转向是一致的，故转子旋转的方向与旋转磁场的方向相同。但电动机转子的转速 n 必须低于旋转磁场转速 n_0。如果转子转速达到 n_0，那么转子与旋转磁场之间就没有相对运动，转子导体将不切割磁通，于是转子导体中不会产生感应电动势和转子电流，也不可能产生电磁转矩，所以电动机转子不可能维持在转速 n_0 状态下运行。可见该电动机只有在转子转速 n 低于同步转速 n_0 时，才能产生电磁转矩并驱动负载稳定运行。因此这种电动机称为异步电动机。

(2) 转差率。异步电动机的转子转速 n 与旋转磁场的同步转速 n_0 之差是保证异步电动机工作的必要条件。这两个转速之差与同步转速之比称为转差率，用 s 表示，即

$$s = \frac{n_0 - n}{n_0} \times 100\%$$

由于异步电动机的转速 $n<n_0$ 且 $n>0$，故转差率在 0 到 1 的范围内，即 $0<s<1$。对于常用的异步电动机，在额定负载时的额定转速很接近同步转速，所以它的额定转差率 s_N 很小，约为 $0.01 \sim 0.07$，s_N 有时也用百分数来表示。

二、三相异步电动机的构造

前面我们以三相异步电动机为例，学习了电动机的工作原理，下面我们还以三相异步电动机为例来学习它的构造。

三相异步电动机主要由定子（固定部分）和转子（旋转部分）两个基本部分组成，见图3-28。

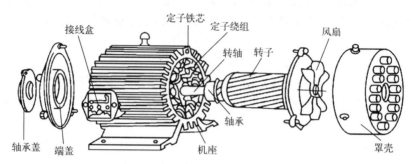

图 3-28　三相异步电动机结构示意图

图 3-29　三相异步电动机定子实物图

1. 定子

定子是电动机重要的部分。定子由定子铁芯、定子绕组和机座三部分组成，见图3-29。定子的主要作用是产生旋转磁场。定子绕组根据电动机的磁极数与绕组分布形成实际磁极数的关系，可分为显极式与庶极式两种类型。

（1）显极式绕组。在显极式绕组中，每个（组）线圈形成一个磁极，绕组的线圈（组）数与磁极数相等。在显极式绕组中，为了使磁极的极性N和S相互间隔，相邻两个线圈（组）里的电流方向必须相反，即相邻两个线圈（组）的连接方式必须尾端接尾端、首端接首端（电工术语为"尾接尾、头接头"），也即反接串联方式。

（2）庶极式绕组。在庶极式绕组中，每个（组）线圈形成两个磁极，绕组的线圈（组）数为磁极数的一半，因为另半数磁极由线圈（组）产生磁极的磁力线共同形成。

在庶极式绕组中，每个线圈（组）所形成的磁极的极性都相同，因而所有线圈（组）里的电流方向都相同，即相邻两个线圈（组）的连接方式应该是尾端接首端（电工术语为"尾接头"），即顺接串联方式。

2. 转子

三相异步电动机的转子构成：铁芯是圆柱状的，用硅钢片叠成，表面冲有槽，用来放置转子绕组。转子铁芯装在转轴上，轴上加机械负载。

根据构造的不同可分为笼型和绕线式两种。

笼型异步电动机若去掉转子铁芯，嵌放在铁芯槽中的转子绕组，就像一个"鼠笼"，它一般是用铜或铝铸成的。结构图见图3-30，实物图见图3-31。

绕线式异步电动机的转子绕组同定子绕组一样也是三相的，它连接成星形。每相绕组的始端连接在三个铜制的滑环上，滑环固定在转轴上。环与环、环与转轴之间都是互相绝缘的。在环上用弹簧压着炭质电刷。启动电阻和调速电阻是借助于电刷同滑环和转子绕组连接的。结构图见图3-32，实物图见图3-33、图3-34。

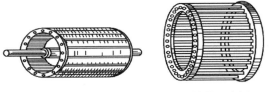
图 3-30　笼型异步电动机转子绕组结构示意图

图 3-31　笼型异步电动机转子绕组实物图

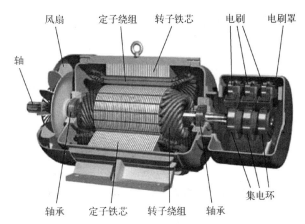
图 3-32　绕线式异步电动机结构图

图 3-33　绕线式异步电动机外观图

图 3-34　绕线式异步电动机定子外观图

三、认知电动机型号参数

1. 电动机型号

电动机型号是便于使用、设计、制造等部门进行业务联系和简化技术文件中产品名称、规格、形式等叙述而引用的一种代号。

产品代号由电动机类型代号、特点代号和设计序号等三个小节顺序组成。

电动机类型代号：Y——表示异步电动机；T——表示同步电动机。

电动机特点代号是表征电动机的性能、结构或用途而采用的拼音字母。如防爆类型的字母 EXE（增安型）、EXB（隔爆型）、EXP（正压型）等。

设计序号是用中心高、铁芯外径、机座号、凸缘代号、机座长度、铁芯长度、功率、转速或极数等表示的。

如：Y2-160 M1-8。

Y：机型，表示异步电动机；

2：设计序号，"2"表示第一次基础上改进设计的产品；

160：中心高，是电动机轴中心到机座平面的高度；

M1：机座长度规格，M是中型，1是M型铁芯的第一种规格；

8：极数，"8"是指8极电动机。

如：Y 630-10 /1180。

Y表示异步电动机；630表示功率630kW；10极、定子铁芯外径1180mm。

机座长度的字母代号采用国际通用符号表示：S是短机座型，M是中机座型，L是长机座型。

铁芯长度的字母代号用数字1、2、3表示。

2. 铭牌参数

为便于使用，电动机生产厂家在电动机铭牌上标明了电动机的技术数据及额定值，见图3-35。

三相异步电动机							
型号	Y90L－4	电压	380V	接法	Y		
功率	1.5kW	电流	3.7A	工作方式	连续		
转速	1400r/min	功率因数	0.79	温升	90℃		
频率	50Hz	绝缘等级	B	出厂年月	×年×月		
×××电机厂		产品编号		重量	kg		

图 3-35　三相异步电动机铭牌参数

电动机铭牌上的主要技术参数有以下内容：

型号：表示电动机的系列品种、性能、防护结构形式、转子类型等。

功率：表示额定运行时电动机轴上输出的额定机械功率，单位kW。

电压：直接到定子绕组上的线电压（V），电机有Y和△两种接法，其接法应与电机铭牌规定的接法相符，以保证与额定电压相适应。

电流：电动机在额定电压和额定频率下，并输出额定功率时定子绕组的三相线电流。

频率：指电动机所接交流电源的频率，中国规定为50Hz±1Hz。

转速：电动机在额定电压、额定频率、额定负载下，每分钟的转速（r/min）。

工作定额：指电动机运行的持续时间。

绝缘等级：电动机绝缘材料的等级，决定电机的允许温升。

标准编号：表示设计电机的技术文件依据。

励磁电压：指同步电机在额定工作时的励磁电压（V）。

励磁电流：指同步电机在额定工作时的励磁电流（A）。

四、电动机的启动与调速方法

1. 电动机启动方法

电动机启动方法包括：全压直接启动、自耦减压启动、Y-△启动、软启动器、变频器。

(1) 全压直接启动：在电网容量和负载两方面都允许全压直接启动的情况下，可以考虑采用全压直接启动。优点是操纵控制方便、维护简单，而且比较经济。主要用于小功率电动机的启动，从节约电能的角度考虑，大于 11kW 的电动机不宜用此方法。

(2) 自耦减压启动：利用自耦变压器的多抽头减压，既能适应不同负载启动的需要，又能得到更大的启动转矩，是一种经常被用来启动较大容量电动机的减压启动方式。它的最大优点是启动转矩较大，当其绕组抽头在 80% 处时，启动转矩可达直接启动时的 64%，并且可以通过抽头调节启动转矩。至今仍被广泛应用。

(3) Y-△ 启动：对于正常运行的定子绕组为三角形接法的笼型异步电动机来说，如果在启动时将定子绕组接成星形，待启动完毕后再接成三角形，就可以降低启动电流，减轻它对电网的冲击，这样的启动方式称为星三角减压启动，或简称为星三角启动（Y-△ 启动）。采用星三角启动时，启动电流只是原来按三角形接法直接启动时的 1/3。如果直接启动时的启动电流以 6~7 倍计，则在星三角启动时，启动电流才 2~2.3 倍。这就是说采用星三角启动时，启动转矩也降为原来按三角形接法直接启动时的 1/3，适用于无载或者轻载启动的场合。并且同任何别的减压启动器相比较，其结构最简单，价格也最便宜。除此之外，星三角启动方式还有一个优点，即当负载较轻时，可以让电动机在星形接法下运行。此时，额定转矩与负载可以匹配，这样能使电动机的效率有所提高，并节约了电力消耗。

(4) 软启动器：这是利用了晶闸管的移相调压原理来实现电动机的调压启动，主要用于电动机的启动控制，启动效果好但成本较高。因使用了晶闸管元件，工作时谐波干扰较大，对电网有一定的影响。另外电网的波动也会影响晶闸管元件的导通，特别是同一电网中有多台晶闸管设备时。因此晶闸管元件的故障率较高，因为涉及电力电子技术，对维护技术人员的要求也较高。

(5) 变频器：变频器是现代电动机控制领域技术含量最高、控制功能最全、控制效果最好的电机控制装置，它通过改变电网的频率来调节电动机的转速和转矩。因为涉及电力电子技术、微机技术，因此成本高，对维护技术人员的要求也高，因此主要用在需要调速并且对速度控制要求高的领域。

2. 电动机调速方法

为适应不同生产机械速度变化的要求，电动机的调速方法有很多。一般电动机调速时，其输出功率会随转速而变化。从能量消耗的角度看，调速大致可分两种：

(1) 保持输入功率不变，通过改变调速装置的能量消耗，调节输出功率以调节电动机的转速。

(2) 控制电动机输入功率以调节电动机的转速。

五、三相笼型异步电动机的使用

为进一步熟悉电动机、正确使用电动机，下面我们进行一个实训，通过实训，可以进一步熟悉三相笼型异步电动机的结构和额定值；学习检验异步电动机绝缘情况的方法；学习三相异步电动机定子绕组首、末端的判别方法；掌握三相笼型异步电动机的启动和反转方法。对于初学者需在教师指导下在专业实训室完成。

1. 实训前学习的有关内容

(1) 三相笼型异步电动机的结构。三相笼型异步电动机的基本结构有定子和转子两大部

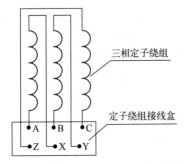

图 3-36 三相定子绕组引出线示意图

分。定子主要由定子铁芯、三相对称定子绕组和机座等组成,是电动机的静止部分。三相定子绕组一般有六根引出线,出线端装在机座外面的接线盒内,如图 3-36 所示。

根据三相电源电压的不同,三相定子绕组可以接成星形(Y)或三角形(△),然后与三相交流电源相连。转子主要由转子铁芯、转轴、笼型转子绕组、风扇等组成,是电动机的旋转部分。小容量笼型异步电动机的转子绕组大都采用铝浇铸而成,一般用风扇冷却。

(2) 三相笼型异步电动机的铭牌。三相笼型异步电动机的额定值标记在电动机的铭牌上,如表 3-1 所示为本实训三相笼型异步电动机铭牌。

表 3-1 三相笼型异步电动机铭牌参数表

型号	WDJ26	电压	380V/220V	接法	△/Y	转速	1430r/min
功率	40W	电流	0.35A	频率	50Hz	绝缘等级	E

(3) 检查三相笼型异步电动机。

① 机械检查。检查引出线是否齐全、牢靠;转子转动是否灵活、匀称,有无异常声响等。

② 电气检查。

a. 用兆欧表检查电机绕组间及绕组与机壳之间的绝缘性能。电动机的绝缘电阻可以用兆欧表进行测量。对额定电压 1kV 以下的电动机,其绝缘电阻值最低不得小于 1000Ω/V。一般 500V 以下的中小型电动机最低应具有 2MΩ 的绝缘电阻。测量方法为用兆欧表分别测量电机绕组间的电阻值、绕组与地之间的电阻值及绕组与机壳之间的电阻值。测量电机 B、C 绕组间电阻的方法如图 3-37 所示,测量电机 B 绕组与地之间电阻值的方法如图 3-38 所示。

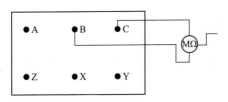
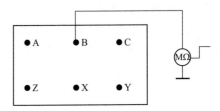

图 3-37 测量电机绕组间电阻的方法　　图 3-38 测量电机绕组与地间的电阻的方法

b. 判别定子绕组的首、末端。异步电动机三相定子绕组的六个出线端有三个首端和三个末端。一般,首端标以 A、B、C,末端标以 X、Y、Z,在接线时如果没有按照首、末端的标记来接,则当电动机启动时磁势和电流就会不平衡,因而引起绕组发热、振动并产生噪声,甚至电动机不能启动因过热而烧毁。由于某种原因定子绕组六个出线端标记无法辨认,可以通过以下方法来判别其首、末端(即同名端)。方法如下:

ⅰ. 找出三相绕组。用万用表的欧姆挡测量任意两个出线端(电动机共六个出线端)的阻值,如果测得的阻值不为无穷大,而为某一固定阻值,说明所测的两个出线端为同一相的，依此方法分别找出三相绕组，并标以符号，如 A、X，B、Y，C、Z。将其中的任意两相绕组串联。如图 3-39 所示。

ⅱ. 找出三相绕组的首末端。将实训台上控制屏单相自耦调压器手柄置零位，打开电源开关，调节调压器输出，在相串联两相绕组出线端施以单相低电压 80～100V，测出第三相绕组的电压，如测得的电压值有一定读数，表示两相绕组的末端与首端相连，如图 3-39(a) 所示。反之，如测得的电压近似为零，则两相绕组的末端与末端（或首端与首端）相连，如图 3-39(b) 所示。用同样的方法可测出第三相绕组的首末端。

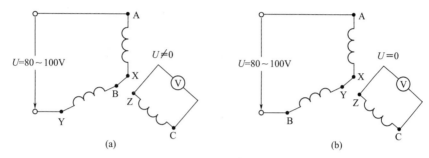

图 3-39　两相绕组串联示意图

（4）三相笼型异步电动机的反转。异步电动机的旋转方向取决于三相电源接入定子绕组时的相序，故只要改变三相电源与定子绕组连接的相序即可使电动机改变旋转方向。

2. 实训设备

本次实训所需设备见表 3-2。

表 3-2　三相笼型异步电动机的使用所需设备表

序号	设备名称	型号与规格	数量	备注
1	三相交流电源	380V、220V	1 路	实训台上
2	三相笼型异步电动机	WDJ26	1 个	自备
3	兆欧表	500V	1 只	自备
4	交流电压表	0～500V	1 只	实训台上
5	交流电流表	0～5A	1 只	实训台上
6	万用表		1 只	自备

3. 实训内容

（1）抄录三相笼型异步电动机的铭牌数据，并观察其结构。
（2）用万用表判别定子绕组的首、末端。
（3）用兆欧表测量电动机的绝缘电阻，将测量数据记于表 3-3。

表 3-3　用兆欧表测量电动机的绝缘电阻测量数据记录表

各相绕组之间的绝缘电阻/MΩ		绕组对地（机座）之间的绝缘电阻/MΩ	
A 相与 B 相		A 相与地（机座）	
A 相与 C 相		B 相与地（机座）	
B 相与 C 相		C 相与地（机座）	

4. 笼型异步电动机的直接启动

(1) 按图 3-40 接线，电动机三相定子绕组接成△接法；供电线电压为 380V；实训线路中 Q_1 及 FU 由实训台上的控制屏上的接触器 KM 和熔断器 FU 代替，学生可由 U、V、W 端子开始接线。

(2) 按实训台控制屏上的启动按钮，电动机直接启动，观察启动瞬间电流冲击情况及电动机旋转方向，记录启动电流。当启动运行稳定后，将电流表量程切换至较小量程挡位上，记录空载电流。

(3) 电动机稳定运行后，突然拆出 U、V、W 中的任一相电源（注意小心操作，以免触电），观测电动机做单相运行时电流表的读数并记录。再仔细倾听电动机的运行声音有何变化（由指导教师作示范操作）。

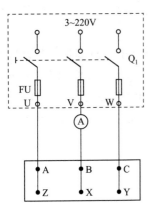

图 3-40 △接法接线图

(4) 电动机启动之前先断开 U、V、W 中的任一相，做缺相启动，观测电流表读数，记录，观察电动机是否启动，再仔细倾听电动机是否发出异常的声响。

(5) 按图 3-41 接线，按实训台上的控制屏启动按钮，启动电动机，观察启动电流及电动机旋转方向是否反转。

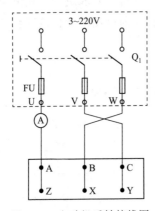

图 3-41 电动机反转接线图

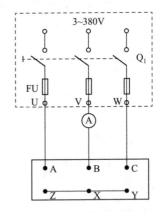

图 3-42 Y接法接线图

(6) 按图 3-42 接线，电动机三相定子绕组接成 Y 接法；供电线电压为 220V；按实训台控制屏上的启动按钮，电动机直接启动，观察启动瞬间电流冲击情况及电动机旋转方向，记录启动电流。当启动运行稳定后，将电流表量程切换至较小量程挡位上，记录空载电流。

(7) 实训完毕，按控制屏停止按钮，切断实训线路三相电源。

5. 实训应注意的事项

(1) 本实训系强电实训，接线前（包括改接线路）、实训后都必须断开实训线路的电源，特别改接线路和拆线时必须遵守"先断电，后拆线"的原则。电动机在运转时，电压和转速均很高，切勿触碰导电和转动部分，以免发生人身和设备事故。为了确保安全，学生应穿绝缘鞋进入实训室。接线或改接线路必须经指导教师检查后方可进行实训。

(2) 启动电流持续时间很短，且只能在接通电源的瞬间读取电流表指针偏转的最大读数（因指针偏转的惯性，此读数与实际的启动电流数据略有误差），如错过这一瞬间，须将电动机停止，待停稳后，重新启动读取数据。

(3) 单相（即缺相）运行时间不能太长，以免过大的电流导致电动机的损坏。

思考练习

(1) 如何判断异步电动机的六个引出线，如何连接成 Y 或 △，又根据什么来确定该电动机作 Y 接或 △ 接？

(2) 缺相是三相电动机运行中的一大故障，在启动或运转时发生缺相，会出现什么现象？有何后果？

(3) 电动机转子被卡住不能转动，如果定子绕组接通三相电源将会发生什么后果？

(4) 总结对三相笼型电动机绝缘性能检查的结果，判断该电动机是否完好可用？

(5) 对三相笼型电动机的启动、反转及各种故障情况进行分析。

六、三相笼型异步电动机点动和自锁控制

下面进行一个实训。在实训中，大家对三相笼型异步电动机点动控制和自锁控制进行实际安装接线，并掌握由电气原理图变换成安装接线图的知识。通过实训，进一步理解点动控制和自锁控制的特点。对于初学者，本实训要在教师指导下在专业实训室完成。

1. 实训前学习的有关内容

(1) 交流接触器。在生产中，电动机许多情况下需要频繁启动。我们知道电动机启动时，在电路中流过较大的电流，电路开关闭合或断开时，由于接触电阻的存在，在开关触头上会产生很大的热量。由焦耳定律可知，开关的触头处产生的热量与电流的平方、接触电阻和时间成正比。如果将普通开关用于通断电动机的话会烧毁开关，甚至发生事故，因此需要特殊的"开关"来通断电动机，交流接触器就是这样的"开关"，其通过电磁机构的动作减少动作时间从而减少热量的产生，采用高熔点的合金使触头耐高温，用线圈实现可控制等。目前交流接触器在各类生产机械中获得广泛的应用，凡是需要进行前后、上下、左右、进退等运动的生产机械，均采用传统的典型的正、反转继电接触控制。交流接触器实物见图3-43。

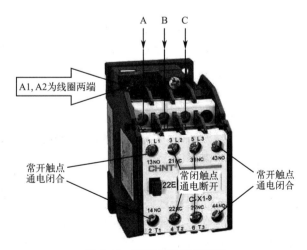

图 3-43 交流接触器实物图

交流接触器内部结构见图3-44。其主要构造为：
① 电磁系统：铁芯、吸引线圈和短路环。
② 触头系统：主触头和辅助触头，还可按照吸引线圈得电前后触头的动作状态，分动合（常开）、动断（常闭）两类。
③ 灭弧罩：在切断大电流的触头上装有灭弧罩，以迅速切断电弧。
④ 接线端子，反作用弹簧等。

交流接触器在电路中的符号见图3-45。

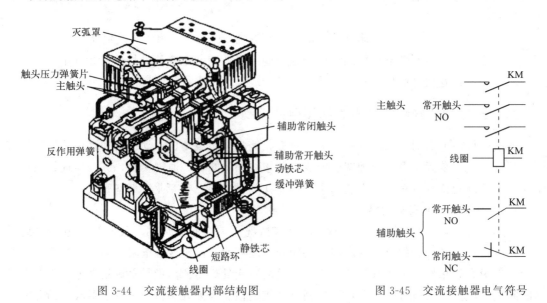

图3-44 交流接触器内部结构图　　图3-45 交流接触器电气符号

（2）自锁和互锁。在控制回路中常采用接触器的辅助触头来实现自锁和互锁控制。要求接触器线圈得电后能自动保持动作后的状态，这就是自锁，通常用接触器自身的动合触头与启动按钮相并联来实现，以达到电动机的长期运行，这一动合触头称为"自锁触头"。使两个电器不能同时得电的动作控制，称为互锁控制，如为了避免正、反转两个接触器同时得电而造成三相电源短路事故，必须增设互锁控制环节。为操作方便，也为防止因接触器主触头长期大电流的烧蚀而偶发触头粘连后造成的三相电源短路事故。通常在具有正、反转控制的线路中采用既有接触器的动、断辅助触头的电气互锁，又有复合按钮机械互锁的双重互锁的控制环节。

（3）控制按钮。控制按钮通常用以短时通、断小电流的控制回路，以实现近、远距离控制电动机等执行部件的启、停或正、反转控制。其实物图见图3-46，其电路符号见图3-47。图3-47中（a）为常开按钮，即不按为断开，按下为闭合；（b）为常闭按钮，即不按为闭合，按下为断开；（c）为复合按钮，两个开关，即不按一个断开另一个必为闭合，按下一个闭合另一个必为断开。

（4）熔断器和热继电器。在电动机运行过程中，应对可能出现的故障进行保护。

采用熔断器作短路保护，当电动机或电器发生短路时，及时熔断熔体，达到保护线路、保护电源的目的。熔体熔断时间与流过的电流关系称为熔断器的保护特性，这是选择熔体的主要依据。熔断器实物见图3-48，熔断器内装熔管见图3-49，熔断器的电气符号见图3-50。

项目三
三相电路的主要设备

图 3-46　控制按钮实物图

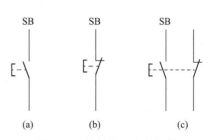

图 3-47　控制按钮电气符号

图 3-48　熔断器实物图

图 3-49　熔管实物图

图 3-50　熔断器电气符号

采用热继电器实现过载保护，使电动机免受长期过载的危害。其主要的技术指标是整定电流值，即电流超过此值的 20% 时，其动断触头应能在一定时间内断开，切断控制回路，动作后只能由人工进行复位。热继电器实物见图 3-51，热继电器电气符号见图 3-52。

图 3-51　热继电器实物图

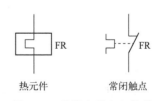

图 3-52　热继电器电气符号

2. 实训设备

本实训所需设备见表 3-4。

表 3-4　三相笼型异步电动机点动和自锁控制所需设备表

序号	名称	型号与规格	数量	备注
1	三相交流电源	380V	—	屏上
2	三相笼型异步电动机	WDJ26	1个	—
3	交流接触器		1个	DDZ-19
4	按钮		2个	DDZ-19
5	交流电压表	0～500V	—	屏上
6	万用表		1个	自备

3. 实训内容

认识各电器的结构、图形符号、接线方法；抄录电动机及各电器铭牌数据；并用万用表检查各电器线圈、触头是否完好。

笼型电动机接成△接法；实训线路电源端接三相电源输出端 U、V、W，供电线电压为 380V。

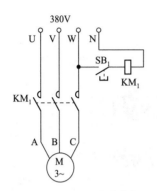 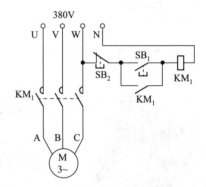

图 3-53　点动控制接线图　　　　　图 3-54　自锁控制接线图

（1）点动控制。按图 3-53 点动控制线路进行安装接线，接线时，先接主电路，即从 380V 三相交流电源的输出端 U、V、W 开始，经接触器 KM_1 的主触头，到电动机 M 的三个接线端 A、B、C，用导线按顺序串联起来。主电路连接完整无误后，再连接控制电路，即从 380V 三相交流电源某输出端（如 W）开始，经过常开按钮 SB_1、接触器 KM_1 的线圈到三相交流电源的零线 N。显然这是对接触器 KM_1 线圈供电的电路。

① 接好线路，经指导教师检查后，方可进行通电操作。

② 开启控制屏电源总开关，按启动按钮，三相交流电源输出线电压为 380V。

③ 按启动按钮 SB_1，对电动机 M 进行点动操作，比较按下 SB_1 与松开 SB_1 电动机和接触器的运行情况。

④ 实训完毕，按控制屏停止按钮，切断实训线路三相交流电源。

（2）自锁控制电路。按图 3-54 所示自锁线路进行接线，它与图 3-53 的不同点在于控制电路中多串联一只常闭按钮 SB_2，同时在 SB_1 上并联 1 只接触器 KM_1 的常开触头，它起自锁作用。

接好线路经指导教师检查后，方可进行通电操作。

① 按控制屏启动按钮，接通 380V 三相交流电源。

② 按启动按钮 SB_1，松手后观察电动机 M 是否继续运转。

③ 按停止按钮 SB_2，松手后观察电动机 M 是否停止运转。

④ 按控制屏停止按钮，切断实训线路三相电源，拆除控制回路中自锁触头 KM_1，再接通三相电源，启动电动机，观察电动机及接触器的运转情况，从而验证自锁触头的作用。

⑤ 实训完毕，按控制屏停止按钮，切断实训线路的三相交流电源。

4. 注意事项

（1）接线时合理安排挂箱位置，接线要求牢靠、整齐、清楚、安全可靠。

（2）操作时要胆大、心细、谨慎，不许用手触及各电气元件的导电部分及电动机的转动部分，以免触电及意外损伤。

（3）通电观察继电器动作情况时，要注意安全，防止碰触带电部位。

（4）在电气控制线路中，最常见的故障发生在接触器上。接触器线圈的电压等级通常有220V和380V等两种，使用时必须认清，切勿疏忽。否则，电压过高易烧坏线圈，电压过低，吸力不够，不易吸合或吸合频繁，这不但会产生很大的噪声，也因磁路气隙增大，致使电流过大，也易烧坏线圈。此外，在接触器铁芯的部分端面嵌装有短路铜环，其作用是使铁芯吸合牢靠，消除颤动与噪声，若发现短路环脱落或断裂现象，接触器将会产生很大的振动与噪声。

思考练习

（1）试比较点动控制线路与自锁控制线路，从结构上看主要区别是什么？从功能上看主要区别是什么？

（2）自锁控制线路在长期工作后可能出现失去自锁作用的情况。试分析产生的原因是什么？

（3）交流接触器线圈的额定电压为220V，若误接到380V电源上会产生什么后果？

项目四 模拟电路

应知

（1）了解半导体的基本知识；
（2）掌握二极管、三极管的识别、检测方法；
（3）理解放大电路的电路结构和工作原理；
（4）掌握放大电路的静态和动态分析方法；
（5）了解反馈的概念；
（6）熟悉负反馈放大电路的类型；
（7）通过性能测试掌握功率放大电路的相关知识；
（8）了解集成运算放大器的组成及性能指标；
（9）掌握集成运算放大器的分析方法及应用；
（10）掌握直流稳压电源的工作原理。

应会

（1）会识别半导体器件；
（2）会应用仪器仪表对半导体器件进行测试；
（3）会设计晶体管基本放大电路；
（4）会测试放大电路的主要技术指标；
（5）会用负反馈放大电路解决实际问题；
（6）会分析和使用集成运算放大器；
（7）会测试功率放大电路的性能；
（8）会分析和应用直流稳压电源。

项目导言

电子技术是研究电子元器件及电路系统的设计、分析及制造的工程实用技术。目前电子技术主要由模拟电子技术和数字电子技术两部分组成。本项目将介绍模拟电子技术，模拟电子技术是一门研究对仿真信号进行处理的模拟电路的学科。它包括二极管、三极管等基本半导体器件，及由半导体器件组成的电压（电流）放大电路、功率放大电路、运算放大电路、反馈放大电路、电源稳压电路等基本模拟电子电路。

任务一
识别与测试常用半导体器件

任务描述

像收音机这样的电子产品，一般由印制电路板、各种元器件和一些塑料件等组成，电路板上的元器件很多，其中半导体器件是主要的元器件。什么是半导体器件、如何识别和测试半导体器件是本任务要学会的内容。围绕这一任务，我们将在学习半导体的基本知识的基础上，学习二极管、三极管的结构、符号、特性、参数及应用，从而掌握二极管、三极管的识别、检测方法。

一、半导体的基础知识

根据导电能力的不同，物体可分为导体、半导体和绝缘体三类。半导体的导电能力介于导体和绝缘体之间，常用的材料有硅和锗。半导体的导电能力在不同的条件下有很大的差别。当受外界热和光的作用时，它的导电能力明显变化，即半导体具有热敏性和光敏性。半导体中掺入杂质元素时，导电能力增大，即半导体具有"杂敏性"。利用半导体这些特殊性质，可以制成各种半导体器件。

1. 本征半导体

完全纯净的、晶体结构完整的半导体称为本征半导体。硅和锗都是四价元素。如图 4-1 所示，在硅或锗晶体中，每个原子都和周围的 4 个原子以共价键的形式紧密联系在一起。

在一定温度下，由于热激发，一些价电子获得足够的能量脱离共价键的束缚，成为带负电的自由电子，同时共价键上留下一个空位，称为空穴，空穴带正电。在外电场作用下，自由电子定向移动，形成电子电流。带正电的空穴吸引附近的价电子来填补空位（称为复合），而在附近的共价键中留下一个新的空位，其他

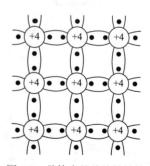

图 4-1 晶体中的共价键结构

地方的价电子又来填补后一个空位。从效果上看，相当于带正电荷的空穴在外电场作用下，顺着电场做定向运动。为了与自由电子定向运动形成的电流区别开来，空穴定向运动形成的电流称为空穴电流。电子电流与空穴电流方向一致，共同形成本征半导体的导电电流，这是半导体与导体导电的区别。

在常温下，本征半导体中自由电子和空穴的浓度很低，因此导电性很差。随着温度升高，热激发加剧，使自由电子和空穴的浓度增加，本征半导体的导电能力增强。温度是影响半导体性能的一个重要的外部因素，这是半导体的一大特点。

2. 杂质半导体

利用本征半导体的"杂敏性"，在本征半导体中掺入某些微量的杂质，半导体的导电性提高。根据掺入杂质的不同，杂质半导体分为 N 型半导体和 P 型半导体。

（1）N 型半导体。在硅或锗晶体中掺入少量的五价元素磷，晶体中的某些半导体原子被杂质取代，形成图 4-2 所示的结构。由于杂质原子的最外层有 5 个价电子，它与周围 4 个硅原子组成共价键时多余一个电子。这个电子不受共价键的束缚，只受自身原子核的吸引，束缚力比较微弱，在室温下很容易成为自由电子，因此在这种杂质半导体中，电子的浓度将高于空穴的浓度，这种半导体称为 N 型半导体。在 N 型半导体中自由电子是多数载流子（简称多子），空穴是少数载流子（简称少子）。

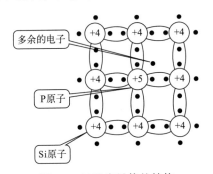
图 4-2 N 型半导体的结构

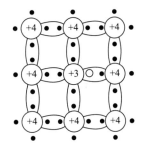
图 4-3 P 型半导体的结构

（2）P 型半导体。如图 4-3 所示，在本征半导体中掺入 3 价元素，杂质原子的最外层只有 3 个价电子，它与周围的原子形成共价键时，还多余一个空穴，因此空穴浓度远大于自由电子的浓度，这种杂质半导体称为 P 型半导体。在 P 型半导体中，空穴是多子，自由电子是少子。

在杂质半导体中，多数载流子的浓度主要取决于掺入的杂质浓度，而少数载流子的浓度主要取决于温度。在纯净的半导体中掺入杂质以后，导电性能将大大改善。

3. PN 结的形成及单向导电性

（1）PN 结的形成。在一块半导体基片上，两边分别制成 N 型半导体和 P 型半导体。由于两侧的电子和空穴的浓度相差很大而产生扩散运动，电子从 N 区向 P 区扩散，空穴从 P 区向 N 区扩散，如图 4-4(a) 所示。随着扩散运动的进行，在交界面两侧形成一个由不能移动的正、负离子组成的空间电荷区，即在交界面产生了一个由 N 区指向 P 区的电场，这个电场称为内电场，这个区域称为耗尽层或 PN 结。

内电场将阻止多数载流子继续进行扩散，却有利于少数载流子的运动，即有利于 P 区中的电子向 N 区运动，N 区中的空穴向 P 区运动。通常，将少数载流子在电场作用下的定向运动称为漂移运动。

扩散运动使空间电荷区的宽度增大，漂移运动使空间电荷区的宽度减小，扩散和漂移这一对相反的运动达到动态平衡时，相当于两个区之间没有电荷运动，空间电荷区的厚度固定不变，就稳定形成了图 4-4(b) 所示的 PN 结。

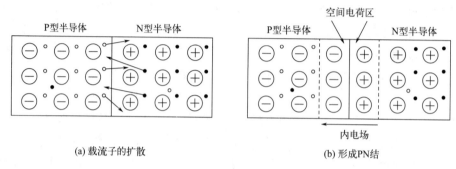

图 4-4　PN 结的形成

(2) PN 结的单向导电性。如图 4-5 所示，在 PN 结上外加一个电源，电源的正极接 P 区，负极接 N 区，这种接法称为 PN 结加上正向电压或正向偏置（简称正偏）。

PN 结正向偏置时，外加电场与 PN 结内电场方向相反，削弱了内电场的作用。因此，空间电荷区变窄，扩散运动大于漂移运动形成一个较大的正向电流 I，其方向是从 P 区流向 N 区，如图 4-5 所示。此时，PN 结呈现为低电阻状态，称为正向导通。PN 结正向电压降很小且随温度上升而减小。

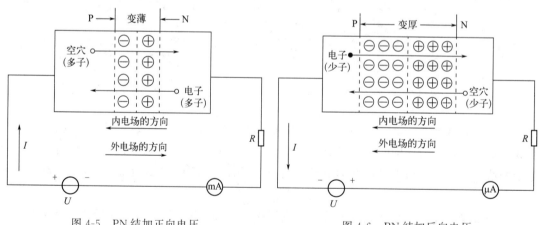

图 4-5　PN 结加正向电压　　　　图 4-6　PN 结加反向电压

如图 4-6 所示，在 PN 结上外加电源的正极接 N 区、负极接 P 区，这种接法称为 PN 结加上反向电压或反向偏置（简称反偏）。这时，外加电场的方向与 PN 结内电场方向相同，内电场被加强，空间电荷区变宽，多子的扩散受到抑制，少子漂移加强，但少子的浓度很低，所以反向电流的数值非常小，PN 结处于高电阻状态，称为反向截止。反向饱和电流 I_S 是由少子产生的，对温度十分敏感，将随着温度的升高而急剧增大。

综上所述，当 PN 结正向偏置时，PN 结处于导通状态，有较大的正向电流流过；当 PN 结反向偏置时，电路中的反向电流非常小（几乎等于零），PN 结处于截止状态。可见，

PN 结具有单向导电性。

二、二极管

1. 二极管的结构

在 PN 结上加上引线和封装就成为一个二极管。图 4-7(a) 为一些常见的半导体二极管的外形与符号，其中阳极从 P 区引出，阴极从 N 区引出，二极管的实物见图 4-7(b)。

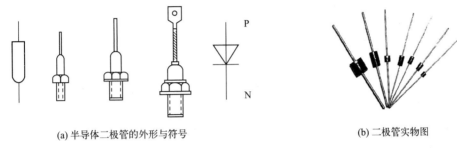

(a) 半导体二极管的外形与符号　　　　　　　(b) 二极管实物图

图 4-7　二极管

二极管按材料不同可分为硅管和锗管，按结构不同可分为点接触型、面接触型和硅平面型三种。点接触型二极管的 PN 结接触面积小、结电容小，常用于检波和变频等高频电路。面接触型二极管 PN 结接触面积大，因而能通过较大的电流，但结电容也大，只能工作在较低频率下，可用于整流。硅平面型二极管结面积大的，可通过较大的电流，适用于大功率整流；结面积小的，结电容小，适用于脉冲数字电路中作开关管。

2. 二极管的伏安特性

如图 4-8 所示，二极管的伏安特性是指流过二极管的电流 i_D 和其两端的电压 u_D 之间的曲线关系。

（1）正向特性。加在二极管的正向电压很小时，正向电流很小几乎等于零。只有当正向电压高于某一值后，正向电流才明显增大，该电压称为死区电压，又称为门限电压或导通电压，用 U_{ON} 表示。在室温下，硅管的 U_{ON} 约为 0.5V，锗管的 U_{ON} 约为 0.1V。

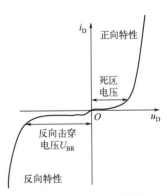

图 4-8　二极管的伏安特性

当正向电压超过死区电压以后，PN 结内电场被大大削弱，电流急剧增加，二极管正向导通。此时，二极管电阻及压降均很小，一般硅管的正向压降为 0.6～0.8V（通常取 0.7V），锗管为 0.2～0.3V（通常取 0.2V）。

（2）反向特性。二极管加反向电压，反向电流数值很小且基本不变，称为反向饱和电流，用 I_S 表示。当反向电压超过 U_{BR} 时，反向电流急剧增加，产生击穿，U_{BR} 称为反向击穿电压。二极管击穿以后，不再具有单向导电性。

3. 二极管的主要参数

描述器件的物理量，称为器件的参数。它是器件特性的定量描述，也是选择器件的依据，各种器件的参数可由手册查得。

（1）最大整流电流 I_F。二极管长期使用时，允许流过二极管的最大正向平均电流。实际应用时的工作电流必须小于 I_F，否则二极管会过热而烧毁。此值取决于 PN 结的面积、材料和散热情况。

(2) 最高反向工作电压 U_R。二极管运行时允许承受的最高反向电压。当反向电压超过此值时，二极管可能被击穿。为了留有余地，通常取击穿电压的一半作为 U_R。

(3) 反向电流 I_R。I_R 指一定的温度条件下，二极管加反向峰值工作电压时的反向电流。反向电流越小，说明管子的单向导电性越好。反向电流受温度的影响，温度越高反向电流越大。硅管的反向电流较小，锗管的反向电流要比硅管大几十到几百倍。

4. 二极管的应用

二极管主要利用它的单向导电性，应用于整流、限幅、保护等场合。在应用电路中，关键是判断二极管的导通或截止。二极管承受正向电压则导通，导通时一般用电压源 $U_D=0.7\text{V}$（锗管用 0.3V）代替，或近似用短路线代替。二极管承受反向电压则截止，截止时二极管断开，即认为二极管反向电阻为无穷大。

(1) 二极管用于整流。将交流电变成直流电的过程称为整流。如图 4-9 所示，输入电压为正弦交流电压。在输入电压的正半周，$u_i>0$，二极管正向导通，输出电压 $u_o=u_i$；在输入电压的负半周，$u_i<0$，二极管反向截止，输出电压 $u_o=0$。

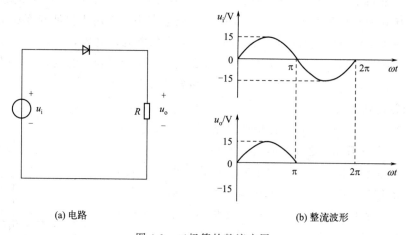

(a) 电路　　　　　　　　　　(b) 整流波形

图 4-9　二极管的整流应用

(2) 二极管用于限幅。由二极管组成的限幅电路如图 4-10(a) 所示，其波形图如图 4-10(b) 所示。输入电压为正弦交流电压 $u_i=U_m\sin(\omega t)$，直流电源电压 $U_s<U_m$，当 $u_i<U_s$ 时，二极管截止，$u_o=u_i$；当 $u_i>U_s$ 时，二极管导通相当于导线，$u_o=U_s$。可见二极管将输出电压限制为不超过 U_s。

5. 判别与检测二极管

(1) 二极管极性的判别。根据二极管正向电阻小，反向电阻大的特点可判别二极管的极性。

指针式万用表：将万用表拨到 $R\times 100$ 或 $R\times 1\text{k}$ 的欧姆挡，表棒分别与二极管的两极相连，测出两个阻值，在测得阻值较小的一次测量中，与黑表棒相接的一端就是二极管的正极。同理在测得阻值较大的一次测量中，与黑表棒相接的一端就是二极管的负极。

数字式万用表：红表笔插在"V·Ω"插孔，黑表笔插在"COM"插孔。将万用表拨到二极管挡测量，用两支表笔分别接触二极管两个电极，若显示值为几百欧，说明管子处于正

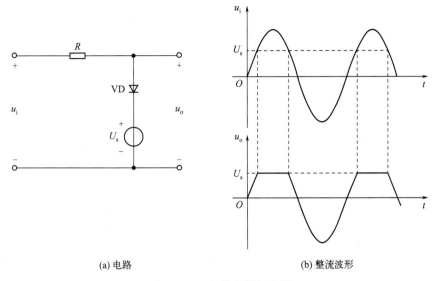

(a) 电路　　　　　　　　　(b) 整流波形

图 4-10　二极管的限幅应用

向导通状态,红表笔接的是正极,黑表笔接的是负极;若显示溢出符号"1",表明管子处于反向截止状态,黑表笔接的是正极,红表笔接的是负极。

(2) 二极管质量的检测。一个二极管的正、反向电阻差别越大,其性能就越好。用上述方法测量二极管时,如果双向电阻值都较小,说明二极管质量差,不能使用;如果双向阻值都为无穷大,说明该二极管已经断路;如果双向阻值均为零,则说明二极管已被击穿。在这三种情况下二极管就不能使用了。

(3) 实训所需设备与器件(见表 4-1)。

表 4-1　二极管的判别与检测所需设备与器件一览表

序号	名称	型号与规格	数量	备注
1	万用表		1 只	自备
2	二极管	1N4007、1N4148、2DW231	各 1 个	DDZ-21
3	电阻	100kΩ	1 个	—

(4) 实训内容与步骤。用万用表分别测量二极管 1N4007、1N4148 和 2DW231 的正反向电阻,并记录于表格 4-2 中。

表 4-2　数据记录表

二极管型号	1N4007	1N4148	2DW231
正向电阻			
反向电阻			

(5) 注意事项。

① 实训前根据实训要求,选择所需的挂箱。

② 放置挂箱时,要按照要求轻拿轻放,以免损坏器件。

③ 实训结束后,要按照要求整理实训台,导线和挂箱要放到指定位置。

(6) 实训总结。总结晶体二极管的判别方法。

三、三极管

1. 三极管的基本结构

三极管有双极型和单极型两种，通常双极型三极管称为晶体管，而单极型三极管称为场效应晶体管。

晶体管按半导体材料不同，可分为硅管和锗管。根据掺杂类型不同，晶体管可分为 NPN 型和 PNP 型两种。如图 4-11 所示，晶体管内部为"三区两结"的结构。三个区分别称为发射区、基区和集电区，并相应地引出三个电极：发射极（E）、基极（B）和集电极（C）。在三个区的两两交界处形成两个 PN 结，分别称为发射结和集电结。晶体管的实物见图 4-11(c)。

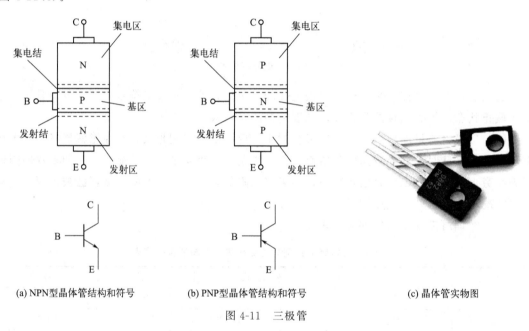

(a) NPN型晶体管结构和符号　　(b) PNP型晶体管结构和符号　　(c) 晶体管实物图

图 4-11　三极管

2. 三极管的电流放大原理

晶体管具有放大作用的内部条件为：发射区杂质浓度远大于基区杂质浓度，且基区厚度很薄。外部条件为：发射结正偏，集电结反偏。NPN 型与 PNP 型晶体管的工作原理类似。

下面以 NPN 型晶体管内部载流子的运动为例来分析晶体管的电流放大原理。

(1) 发射电子。如图 4-12 所示，当发射结正向偏置时，发射区有大量的自由电子向基区扩散，形成发射极电流 I_E，并不断从电源补充进电子。基区也向发射区扩散空穴形成空穴电流，但因为发射区的掺杂浓度远大于基区浓度，因此空穴电流可忽略。

(2) 复合和扩散。电子到达基区后，与基区的多子空穴产生复合，复合掉的空穴由电源补充而形成基极电流 I_B。因为基区空穴的浓度很低，而且基区很薄，所以，到达基区的电子与空穴复合的机会很少，大多数电子在基区中继续扩散，到达靠近集电结的一侧。

(3) 收集。由于集电结反向偏置，到达集电结一侧的电子被集电极收集形成集电极电流 I_{CN}，集电区少子空穴和基区少子电子，在集电结反偏作用下漂移形成反向饱和电流 I_{CBO}。I_{CBO} 远小于 I_{CN}，所以集电极电流 I_C 基本等于 I_{CN}。

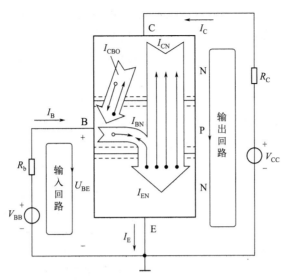

图 4-12　NPN 型晶体管内部载流子的运动示意图

综上所述，晶体管内有如下电流关系：

$$I_E = I_B + I_C \tag{4-1}$$

$$I_C = I_{CN} + I_{CBO} \tag{4-2}$$

$$\bar{\beta} \approx \frac{I_C}{I_B} \tag{4-3}$$

式中，$\bar{\beta}$ 称为共射极直流电流放大系数，表示了晶体管内固有的电流分配规律，即发射区每向基区注入一个复合用的载流子，就要向集电区供给 $\bar{\beta}$ 个载流子。也就是说，晶体管内如有一个单位的基极电流，就必然会有 $\bar{\beta}$ 倍的集电极电流，它表示了基极电流对集电极电流的控制能力，一般 $I_C \gg I_B$，这就是以小的 I_B 按一定比例来控制大的 I_C 电流。所以，晶体管是一个电流控制型器件，利用这一性质可以实现放大作用。

3. 三极管的特性曲线

晶体管外部各极电压、电流的相互关系称为晶体管的特性曲线。图 4-13 所示为 NPN 型晶体管共射极特性曲线测试电路。

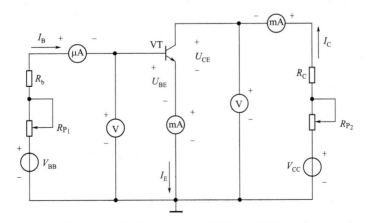

图 4-13　NPN 型晶体管共射极特性曲线测试电路

(1) 输入特性。当 U_{CE} 一定时,输入回路中输入电流 I_B 与输入电压 U_{BE} 之间的函数关系称为输入特性曲线。图 4-14(a) 为 $U_{CE} \geqslant 1V$ 后晶体管的输入特性曲线。可以看出晶体管的输入特性类似于二极管的正向伏安特性,也有死区。只有大于死区电压后,晶体管才出现基极电流,进入放大状态。

(2) 输出特性。当 I_B 不变时,输出回路中的电流 I_C 与电压 U_{CE} 之间的关系曲线称为输出特性。NPN 型晶体管的输出特性曲线如图 4-14(b) 所示。在输出特性曲线上可以划分为三个区域:截止区、放大区和饱和区。

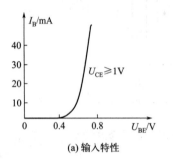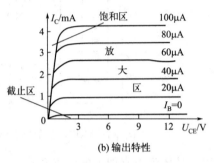

(a) 输入特性　　　　　　　　(b) 输出特性

图 4-14　晶体管特性曲线

① 截止区。一般将 $I_B \leqslant 0$ 的区域称为截止区,此时 I_C 也近似等于零。在截止区,集电结和发射结均处于反向偏置。

② 放大区。在放大区内,各条输出特性曲线比较平坦,近似为水平的直线,表示当 I_B 一定时,I_C 的值基本上不随 U_{CE} 而变化。在这个区域,当基极电流发生微小的变化量 ΔI_B 时,相应的集电极电流将产生较大的变化量 ΔI_C,体现了晶体管的电流放大作用。工作在放大区的晶体管发射结正向偏置,集电结反向偏置。

③ 饱和区。在靠近纵轴附近,各条输出曲线的上升部分属于饱和区。在这个区域,不同 I_B 值的各条曲线几乎重叠在一起。I_C 不再随 I_B 变化,这种现象称为饱和,此时晶体管失去了放大作用。晶体管工作在饱和区时,发射结和集电结都处于正向偏置状态。

4. 三极管的主要参数

(1) 电流放大系数。晶体管的电流放大系数是表征晶体管放大作用大小的参数。

① 共射极交流电流放大系数 β。体现共射极接法时晶体管的电流放大作用。定义为集电极电流与基极电流的变化量之比,即

$$\beta = \frac{\Delta I_C}{\Delta I_B}$$

② 共射极直流电流放大系数 $\bar{\beta}$。$\bar{\beta}$ 近似等于集电极电流与基极电流的直流量之比,即

$$\bar{\beta} \approx \frac{I_C}{I_B}$$

β 与 $\bar{\beta}$ 的含义是不同的,但两者数值接近,常被认为是同一值。一般 β 取 20~150。

(2) 反向饱和电流。

① 集电极和基极之间的反向饱和电流 I_{CBO}。I_{CBO} 表示当发射极 E 开路时,集电极 C 和基极 B 之间的反向电流。

② 集电极和发射极之间的穿通电流 I_{CEO}。I_{CEO} 表示当基极 B 开路时,集电极 C 和发射

极 E 之间的电流。两个反向电流之间存在关系：
$$I_{CEO}=(1+\bar{\beta})I_{CBO}$$

因为 I_{CBO} 和 I_{CEO} 都是由少数载流子的运动形成的，所以对温度非常敏感。当温度升高时，I_{CBO} 和 I_{CEO} 都将急剧增大。实际工作中选用晶体管时，要求晶体管的反向饱和电流 I_{CBO} 和穿透电流 I_{CEO} 尽可能小一些，这两个反向电流的值越小，表明晶体管的质量越高。

(3) 极限参数。晶体管的极限参数是为保证晶体管的安全或保证晶体管参数变化不超过允许值。

① 集电极最大允许电流 I_{CM}。当集电极电流过大时，晶体管的 β 值减小。一般定义当 β 值下降为正常值的 $1/3\sim2/3$ 时的 I_C 值为 I_{CM}。

② 极间反向击穿电压。极间反向击穿电压表示外加在晶体管各电极之间的最大允许反向电压，如果超过这个限度，则管子的反向电流急剧增大，甚至管子可能被击穿而损坏。极间反向击穿电压主要有：

$U_{(BR)CEO}$：基极开路时，集电极和发射极之间的反向击穿电压。

$U_{(BR)CBO}$：发射极开路时，集电极和基极之间的反向击穿电压。

③ 集电极最大允许耗散功率 P_{CM}。当晶体管工作时，晶体管的电压降为 U_{CE}，集电极流过的电流为 I_C，因此损耗的功率为 $P_C=I_CU_{CE}$。集电极消耗的电能将转化为热能使管子的温度升高。如果温度过高，将使晶体管的性能恶化甚至被损坏，所以集电极损耗有一定的限制。一般来说，锗管的允许结温为 70～90℃，硅管约为 150℃。

5. 判别与检测三极管

(1) 三极管基极与管型的判别。将指针式万用表拨到 R×100 或 R×1k 欧姆挡，用黑表棒接触某一引脚，用红表棒分别接触另两个引脚，如表头读数都很小，则与黑表棒接触的那一引脚是基极，同时可知此三极管为 NPN 型。若用红表棒接触某一引脚，而用黑表棒分别接触另两个引脚，表头读数同样都很小时，则与红表棒接触的那一引脚是基极，同时可知此三极管为 PNP 型。用上述方法既判定了晶体三极管的基极，又判别了三极管的类型。用数字万用表判别时，极性刚好相反。

(2) 三极管发射极和集电极的判别。

方法一：以 NPN 型三极管为例，确定基极后，假定其余的两只脚中的一只是集电极，将黑表棒接到此脚上，红表棒则接到假定的发射极上。用手指把假设的集电极和已测出的基极捏起来（但不要相碰），看表针指示，并记下此阻值的读数。然后再做相反假设，即把原来假设为集电极的脚假设为发射极，作同样的测试并记下此阻值的读数。比较两次读数的大小，若前者阻值较小，说明前者的假设是对的，那么黑表棒接的一只脚是集电极，剩下的一只脚就是发射极了。

若需判别的是 PNP 型晶体三极管，仍用上述方法，但必须把表棒极性对调一下。

方法二：如图 4-15 所示，在判别出三极管的基极后，再将三极管基极与 100kΩ 电阻串接，电阻另一端与三极管的一极相接，将万用表的黑表笔接三极管与电阻相连的一极，万用表的红表笔接三极管剩下的一极，读取电阻值，再将三极管的两极(C、E 极) 对调，再读取一组电阻值，阻值小的那一次与指针式万用表黑表笔相连的极为集电极（NPN）或发射极（PNP）。

(3) 实训所需设备与器件（见表 4-3）。

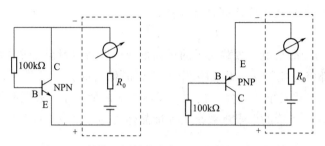

图 4-15　晶体三极管集电极 C、发射极 E 的判别

表 4-3　三极管的判别与检测所需设备与器件

序号	名称	型号与规格	数量	备注
1	万用表		1只	自备
2	三极管	3DG12、3CG12	各1个	DDZ-21
3	电阻	100kΩ	1个	

(4) 实训内容与步骤。根据判别三极管极性的方法，按表 4-4 的要求测量 3DG12 与 3CG12。

表 4-4　数据记录表

三极管型号	3DG12	3CG12
一脚对另两脚电阻都大时阻值		
一脚对另两脚电阻都小时阻值		
基极连 100kΩ 电阻时 C、E 间阻值		
基极连 100kΩ 电阻时 E、C 间阻值		

(5) 注意事项。

① 实训前根据实训要求，选择所需挂箱。

② 放置挂箱时，要按照要求轻拿轻放，以免损坏器件。

③ 实训结束后，要按照要求整理实训台，导线和挂箱要放到指定位置。

(6) 实训总结。

① 根据老师提供的 1~2 个未知 E、B、C 极的三极管，分析确定它的 E、B、C 极。

② 总结三极管极性的判别方法。

任务二 认知基本放大电路

任务描述

在生产和技术工作中,为有效地观察、测量和利用电信号,需要对微弱的信号加以放大。把微弱的电信号放大为较强电信号的电路,称为放大电路。其放大的本质是实现能量的控制,即需要在放大电路中另外提供一个能源,由能量较小的输入信号控制这个能源,使之输出较大的能量,然后推动负载。我们将通过学习基本共射放大电路、分压式偏置放大电路、共集电极放大电路,掌握放大电路的电路结构和工作原理,会测试放大电路的主要技术指标,为在工程实践中正确使用基本放大电路奠定基础。

一、基本共射放大电路

单级放大电路是最基本的放大电路,所有较复杂的放大电路都是由单级放大电路组合或演变而来的。单级放大电路是指由一个放大元件所构成的简单放大电路。通常由于其工作在小信号状态,因此称为单级小信号放大电路。单级小信号放大电路一般有三种形式:共基极放大电路、共发射极放大电路和共集电极放大电路。基本共射(共发射极)放大电路应用最广。

下面学习基本共射放大电路的电路组成、静态工作点的设置、放大电路的基本分析方法及主要技术指标。

1. 电路组成

如图 4-16 所示,基本共射放大电路由晶体管、电阻等器件组成。图中的 VT 是一个 NPN 型晶体管,它是整个电路的核心,起电流放大作用。基极偏置电阻 R_B,简称基极电阻,和电源 V_{CC} 一起为晶体管提供适当大小的静态基极电流 I_B,又称为偏置电流,保证发射结处于正偏、集电结处于反偏,使晶体管满足放大条件,R_B 的阻值约为几十千欧姆到几百千欧姆。电源 V_{CC} 为电路提供能量,为集电结提供反向偏置电压,保证三极管工作在放

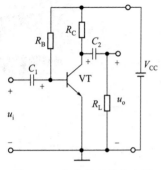

图 4-16　基本共射放大电路

大状态。集电极负载电阻 R_C 的主要作用是将集电极电流的变化转换为电压的变化，从而实现电压放大。电容 C_1、C_2 起到隔直通交的作用，既能使交流信号顺利传递，同时又能隔断信号源与放大电路之间、负载与放大电路之间直流电流的相互影响。

2. 分析静态工作点

在图 4-16 所示的共发射极放大电路中，直流电源 V_{CC} 是整个电路的能量来源。在没有信号输入时，它能为晶体管提供集电结反偏电压 U_{CE}，并通过 R_B 提供发射结正偏电压 U_{BE}，从而在晶体管中产生基极电流 I_B 和集电极电流 I_C 以及集射极电压 U_{CE}。这些能量都是电源（$+V_{CC}$）在无信号状态下产生的直流量。这种未加信号时放大电路所处的状态称为静态，静态时电路中各处的电压、电流值分别用 I_{BQ}、I_{CQ}、U_{BEQ}、U_{CEQ} 表示。这一组数值代表着输入和输出特性曲线上的一个点，如图 4-17(a) 所示，习惯上称为静态工作点，简称 Q。静态工作点的设置应保证晶体管在信号的整个周期内都处于放大状态。静态时耦合电容 C_1、C_2 视为开路，便可得到基本共射极放大电路的直流通路如图 4-17(b) 所示。

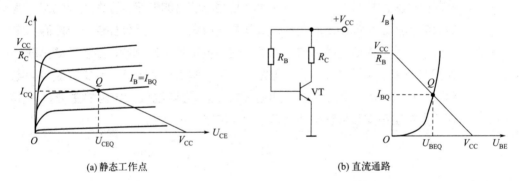

(a) 静态工作点　　　　　　　　　　(b) 直流通路

图 4-17　基本共射极放大电路的静态分析

由直流通路可估算静态工作点

$$I_{BQ} = \frac{V_{CC} - U_{BEQ}}{R_B} \tag{4-4}$$

$$I_{CQ} \approx \beta I_{BQ} \tag{4-5}$$

$$U_{CEQ} = V_{CC} - I_{CQ} R_C \tag{4-6}$$

【例 4-1】 设图 4-16 所示的基本共射极放大点路中，$V_{CC} = 12V$，$R_C = 3k\Omega$，$R_B = 280k\Omega$，晶闸管的 β 等于 50，试估算静态工作点。

解：设晶闸管的 $U_{BEQ} = 0.7V$，则

$$I_{BQ} = \frac{V_{CC} - U_{BEQ}}{R_B} = \frac{12 - 0.7}{280} = 0.04 (mA)$$

$$I_{CQ} \approx \beta I_{BQ} = 50 \times 0.04 = 2 (mA)$$

$$U_{CEQ} = V_{CC} - I_{CQ} R_C = 12 - 2 \times 3 = 6 (V)$$

3. 分析放大原理

有信号输入时，加在发射结上的电压 u_{BE} 在原来 U_{BEQ} 的基础上发生了变化，即由 U_{BEQ} 变为 $U_{BEQ}+u_{be}$；u_{BE} 的变化会引起晶体管的基极电流 i_B 变化，使基极电流由 I_B 变为 I_B+i_b；集电极电流 i_C 由 βi_B 变为 $\beta(I_B+i_b)$；C、E 极之间的电压 $u_{CE}=V_{CC}-R_C i_C$ 随着 i_C 而变化，由原来的 $U_{CEQ}=V_{CC}-R_C\beta I_{BQ}$ 变为 $u_{CE}=V_{CC}-R_C\beta(I_{BQ}+i_b)=U_{CEQ}-R_C\beta i_b$。设输入信号 $u_i=U_{im}\sin(\omega t)$，则电路各处的电压与电流的波形如图 4-18(b) 所示。

从图 4-18 可看出，电路各处的电压与电流可看成交流分量与直流分量的合成，其交流分量如图 4-18(c) 所示。输出电压 u_o 即为 u_{CE} 的交流分量。如果参数选择合适，就能得到比 u_i 大得多的输出电压 u_o。

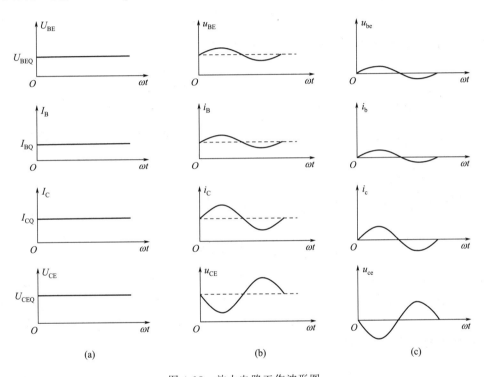

图 4-18 放大电路工作波形图

4. 分析放大电路的动态性能

只考虑交流信号所形成的电流通路称为交流通路。在交流通路中，直流电压源相当于短路，耦合电容由于其容抗很小，也可看成短路。基本共射放大电路的交流通路如图 4-19 所示。放大电路的动态性能一般用交流通路进行分析，常用的分析方法有图解分析法和微变等效电路法，这里只介绍微变等效电路法。

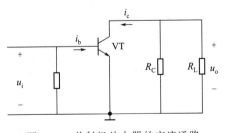

图 4-19 共射极放大器的交流通路

（1）微变等效电路法。电压放大电路一般都工作在小信号状态，因而工作点在特性曲线上的移动范围很小。这时工作点的运动轨迹已接近直线。针对工作于小信号状态下的三极管，若采用它的等效线性模型来分析，其结果与使用非线性模型分析的结果误差很小。对工程计算来说，这样的误差是允许的。

三极管的微变等效电路，就是三极管在小信号（微变量）下，其工作点在特性曲线的直线段时，将三极管这个非线性元件用一个线性电路来代替。

由图 4-20(a) 三极管的输入特性曲线可知，在小信号（微变量）作用下，静态工作点 Q 附近的工作段可近似认为是直线段，即可认为 ΔI_B 与 ΔU_{BE} 成正比，因而 ΔU_{BE} 与 ΔI_B 可用一个等效电阻 r_{be} 来表示

$$r_{be} = \frac{\Delta U_{BE}}{\Delta I_B}$$

动态电阻 r_{be} 称为晶体管的输入电阻。低频小功率晶体管的输入电阻常用下式估算

$$r_{be} = 300\,\Omega + (1+\beta)\frac{26\,\mathrm{mV}}{I_{EQ}} \tag{4-7}$$

式中，I_{EQ} 为发射极静态的电流值，单位为 mA。

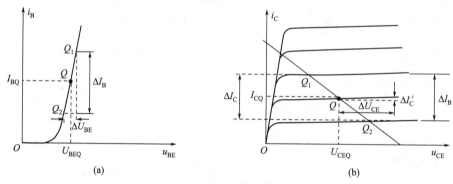

图 4-20　从三极管的特性曲线求 r_{be}、β 和 r_{ce}

在小信号作用下，由图 4-20(b) 三极管的输出特性曲线可知，在静态工作点 Q 邻近输出特性曲线是一组近似等距的水平线，它反映了 ΔI_C 只受 ΔI_B 控制，而与 ΔU_{CE} 基本无关，且 ΔI_C 比 ΔI_B 大 β 倍。因而，三极管的输出回路可等效成一个大小为 $\beta \Delta I_B$ 的受控电流源。这样，晶体管的微变等效电路如图 4-21 所示。

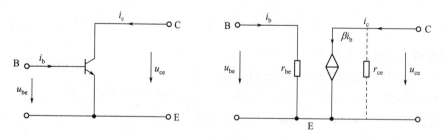

图 4-21　三极管的微变等效电路

把图 4-19 交流通路中的三极管用图 4-21 的微变等效电路代替，即得到如图 4-22 所示的共射极放大器的微变等效电路。可借助于图 4-22 进行放大电路的动态性能指标分析。

（2）动态性能指标。假设输入信号 $u_i = \sqrt{2}U_i\sin(\omega t)$，用相量的形式表示电压和电流，由输入回路可求得

$$\dot{U}_i = \dot{I}_b r_{be}$$

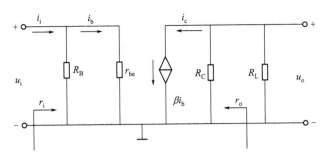

图 4-22 共射极放大器的微变等效电路

由输出回路可知

$$\dot{U}_o = -\dot{I}_c R'_L = -\beta \dot{I}_b R'_L$$

则电压放大倍数

$$\dot{A}_u = \frac{\dot{U}_o}{\dot{U}_i} = -\frac{\beta R'_L}{r_{be}} \tag{4-8}$$

式中，$R'_L = R_C // R_L$，负号表示输出电压与输入电压相位相反。

从放大器的输入端"看进去"，放大器可等效一个电阻，这个电阻就是输入电阻，即

$$r_i = R_B // r_{be} \approx r_{be} \tag{4-9}$$

输入电阻 r_i 的大小决定了放大器从信号源获取的电压信号大小，较大的输入电阻 r_i 也可以降低信号源内阻 R_S 的影响，使放大器获得较高的输入电压。因此，希望 r_i 越大越好。

从放大器的输出端看进去，放大器可看成是一个内阻为 r_o 的等效电压源。这个等效电压源的电阻 r_o 就是放大器的输出电阻

$$r_o = R_C \tag{4-10}$$

放大器的输出电阻 r_o 越小，负载电阻 R_L 的变化对输出电压的影响就越小，表明放大器带负载能力越强。因此，希望 r_o 越小越好。

【例 4-2】 设图 4-16 所示的基本共射极放大电路中，$V_{CC}=12V$，$R_C=3k\Omega$，$R_B=280k\Omega$，$R_L=3k\Omega$，$U_{BE}=0.7V$，$C_1=20\mu F$，$C_2=20\mu F$，晶闸管的 β 等于 50，试求静态工作点，并计算各项动态指标。

解：

$$I_{BQ} = \frac{V_{CC} - U_{BE}}{R_B} = \frac{12 - 0.7}{280} = 0.04(mA)$$

$$I_{CQ} \approx \beta I_{BQ} = 50 \times 0.04 = 2(mA)$$

$$U_{CEQ} = V_{CC} - I_{CQ} R_C = 12 - 2 \times 3 = 6(V)$$

画出微变等效电路如图 4-22 所示。

$$r_{be} = 300\Omega + \frac{(\beta+1) \times 26mV}{I_{EQ}} = 300\Omega + \frac{51 \times 26mV}{2mA} = 963\Omega \approx 0.96k\Omega$$

$$A_u = \frac{-\beta R'_L}{r_{be}} = \frac{-50 \times (3//3)k\Omega}{0.96k\Omega} = -78.1$$

$$r_i = R_B // r_{be} \approx r_{be} = 0.96k\Omega$$

$$r_o \approx R_C = 3k\Omega$$

二、分压式偏置放大电路

基本共射放大电路的偏流 I_B 只与 V_{CC} 和 R_B 有关，一般是固定的，因而具有这种偏置特点的电路称为固定偏置电路。

固定偏置电路，尽管电路简单，偏流 I_B 稳定，但 I_C、U_{CE} 的稳定性差。当环境温度变化或更换晶体管时，由于晶体管参数的变化，将引起静态工作点的变动，严重时甚至使放大电路不能正常工作。

1. 设置和稳定静态工作点的必要性分析

动态时晶体管各极的电流和电压都是在静态值的基础上再叠加交流分量。因此对一个放大电路而言，要求输出不失真，就必须设置合适的静态工作点。如图4-23所示，将基极电源去掉，静态时 $I_{BQ}=I_{CQ}=0$，$U_{CEQ}=V_{CC}$，静态工作点位于截止区，晶体管处于截止状态。当加入输入电压 u_i 时，晶体管只有在信号正半周大于开启电压 U_{ON} 的时间内导通，输出放大信号。u_i 正半周小于 U_{ON} 的时间内及 u_i 的整个负半周，晶体管都是截止的，所以输出电压必然严重失真。

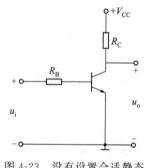

图4-23 没有设置合适静态工作点电路图

由图4-24可见，为使输出不失真，静态工作点 Q 应尽量设置在放大区的中间位置。如果静态值设置不当，将出现严重的非线性失真。非线性失真主要有截止失真和饱和失真。

由于静态工作点靠近截止区造成的非线性失真称为截止失真。图4-24中将静态工作点设置在 Q' 点。此时静态工作点过低，靠近截止区，输出电压波形被削顶，产生了截止失真。

由于静态工作点靠近饱和区造成的非线性失真称为饱和失真。图4-24中将静态工作点设置在 Q'' 点。此时静态工作点过高，靠近饱和区，输出电压波形被削底，产生了饱和失真。

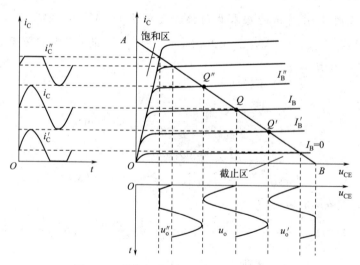

图4-24 静态工作点对输出的影响示意图

静态工作点除需设置合适外，还需考虑如何能使静态工作点保持稳定。放大电路静态工作点不稳定的原因主要是晶体管的参数受温度影响而发生了变化。晶体管是一种对温度十分敏感的器件。当温度升高时，晶体管的 U_{BE} 将减小、β 将增加，I_{CEQ} 也将急剧增加，这些因素最终导致集电极电流 I_C 增大，反映到输出特性上是使每一条输出特性曲线上移。如图 4-25 所示，当温度上升时，输出特性可变为图中的虚线。静态工作点将由 Q 点上移至 Q' 点，即静态工作点移近饱和区，使输出波形容易产生饱和失真。

综上所述，放大电路的静态工作点对其放大性能有重要的影响，因此选择合适的静态工作点并使之稳定是保证放大电路正常工作的关键。

2. 分压式偏置放大电路性能分析

分压式偏置放大电路能在外界因素变化时，自动调节工作点的位置使静态工作点稳定。如图 4-26 所示是分压式偏置电路。电阻 R_{B1} 与 R_{B2} 构成分压式偏置电路。设置参数使 $I_R \gg I_B$，一般 $I_R = (5 \sim 10) I_B$，就可以忽略 I_B 的影响，电阻 R_{B1} 与 R_{B2} 上电流相同，则基极电位 $V_{BQ} = \dfrac{R_{B2}}{R_{B1} + R_{B2}} V_{CC}$ 是 V_{CC} 经 R_{B1} 与 R_{B2} 分压后得到，故可认为其不受温度变化的影响，基本上是稳定的。当集电极电流 I_{CQ} 随温度的升高而增大时，发射极电流 I_{EQ} 也将相应地增大，I_{EQ} 流过 R_E 使发射极电位 V_{EQ} 升高，则晶体管的发射结电压 $U_{BEQ} = V_{BQ} - V_{EQ}$ 将降低，从而使静态基流 I_{BQ} 减小，于是 I_{CQ} 也随之减小，结果使静态工作点基本保持稳定。这个过程如下：

$$T \uparrow \to I_{CQ} \uparrow \to I_{EQ} \uparrow \to V_{EQ} \uparrow \to U_{BEQ} \downarrow (V_{BQ} \text{ 固定}) \to I_{BQ} \downarrow \to I_{CQ} \downarrow$$

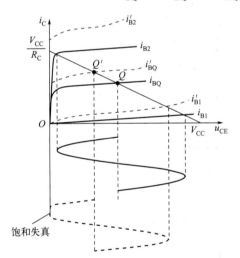

图 4-25 温度对 Q 点的影响示意图

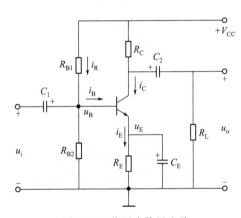

图 4-26 分压式偏置电路

显然，R_E 越大，同样的 I_{EQ} 变化量所产生的 V_{EQ} 的变化量也越大，则电路的温度稳定性越好。但是 R_E 的接入，使发射极电流的交流分量在其上产生压降，会减小输出电压，降低电压电路的放大倍数。为了稳定静态工作点又不降低电压放大倍数，在两端并联大电容的发射极旁路电容 C_E。若 C_E 足够大，则 R_E 两端的交流压降可以忽略，对电压放大倍数不产生影响。

3. 分析电路的静态和动态指标

（1）静态分析。分压偏置电路的直流通路如图 4-27(a) 所示，可得

$$V_{BQ} \approx \dfrac{R_{B2}}{R_{B1} + R_{B2}} V_{CC} \tag{4-11}$$

$$I_{CQ} \approx I_{EQ} = \frac{V_{BQ} - U_{BEQ}}{R_E} \tag{4-12}$$

$$I_{BQ} = \frac{I_{CQ}}{\beta} \tag{4-13}$$

$$U_{CEQ} = V_{CC} - (R_C + R_E)I_{CQ} \tag{4-14}$$

（2）动态分析。分压偏置电路的微变等效电路如图 4-27（b）所示，可得电压放大倍数为

$$\dot{A}_u = \frac{\dot{U}_o}{\dot{U}_i} = -\frac{\beta R'_L}{r_{be}} \tag{4-15}$$

其中，$R'_L = R_C // R_L$。

电路的输入电阻为

$$r_i = r_{be} // R_{B1} // R_{B2} \tag{4-16}$$

输出电阻为

$$r_o = R_C \tag{4-17}$$

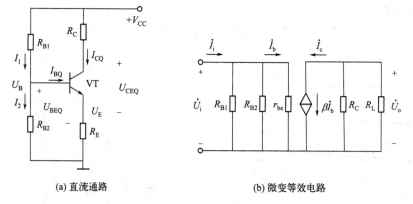

图 4-27　分压偏置电路的分析

4. 测试共发射极单管放大器

测试晶体管共发射极单管放大器技术参数，采用图 4-28 所示电路。

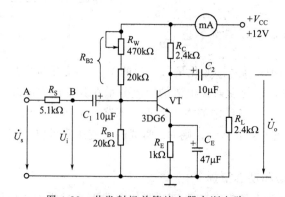

图 4-28　共发射极单管放大器实训电路

（1）所需设备与器件见表 4-5。

项目四
模拟电路

表 4-5 晶体管共发射极单管放大器的测试所需设备与器件一览表

序号	名称	型号与规格	数量	备注
1	直流稳压电源	+12V	1路	实训台上
2	函数信号发生器		1个	实训台上
3	频率计		1个	实训台上
4	双踪示波器		1台	自备
5	万用表		1只	自备
6	交流毫伏表		1只	自备
7	直流电压表		1只	实训台上
8	直流毫安表		1只	实训台上
9	电解电容	10μF	2个	DDZ-21
10	电解电容	47μF	1个	DDZ-21
11	电位器	470kΩ	1个	DDZ-21
12	三极管	3DG6	1个	DDZ-21
13	电阻	1kΩ、5.1kΩ	各1个	DDZ-21
14	电阻	2.4kΩ、20kΩ	各2个	

（2）实训内容与步骤。

① 按图 4-28 利用导线连接好共发射极单管放大器实训电路。

② 调试静态工作点。先将 R_W 调至最大，函数信号发生器输出旋钮旋至零。将实训台上+12V 直流稳压电源和地连接到实训电路中，打开电源开关。调节 R_W，使 $I_C=2.0\text{mA}$（即 $U_E=2.0\text{V}$），用直流电压表测量 U_B、U_E、U_C 及用万用表测量 R_{B2} 值，记入表 4-6。

表 4-6 调试静态工作点数据记录表

测量值				计算值		
U_B/V	U_E/V	U_C/V	$R_{B2}/\text{k}\Omega$	U_{BE}/V	U_{CE}/V	I_C/mA

③ 测量电压放大倍数。打开实训台上函数信号发生器的电源开关，在放大器输入端加入频率为 1kHz 的正弦信号 u_i，调节函数信号发生器的输出幅度旋钮使放大器输入电压 $U_i \approx$ 10mV，同时调整电路上电位器 R_W，使放大器的输出波形达到最大不失真状态。在波形不失真的条件下用交流毫伏表测量放大器的输入、输出电压，计算电压放大倍数 A_u 并把测量值、计算值填入表 4-7 中，用双踪示波器观察 u_o 和 u_i 的相位关系，绘出 u_o 和 u_i 的波形。

表 4-7 测量电压放大倍数数据记录表

$R_C/\text{k}\Omega$	$R_L/\text{k}\Omega$	U_o/V	U_i/V	A_u 计算值
2.4	∞			
2.4	2.4			

（3）注意事项。

① 实训前根据实训要求，选择所需挂箱。

② 放置挂箱时，要按照要求轻拿轻放，以免损坏器件。
③ 实训结束后，要按照要求整理实训台，导线和挂箱要放到指定位置。

三、共集电极放大电路——射极输出器

射极输出器的结构如图 4-29（a）所示。由图可知，晶体管的基极为输入端，发射极为输出端，集电极为输入与输出回路的公共端，因此以上电路称为共集电极放大电路，又称射极输出器。

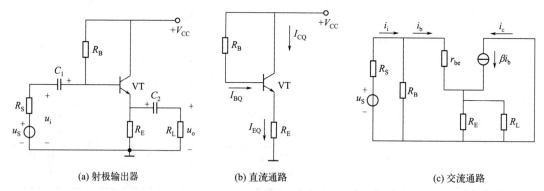

图 4-29　射极输出器及其交、直流通路

1. 射极输出器的分析方法

与基本放大电路一样，在对射极输出器进行分析时，也从静态和动态两个方面进行。

（1）静态分析。对图 4-29(b) 所示的直流通路分析可得

$$V_{CC} = I_{BQ}R_B + U_{BEQ} + I_{EQ}R_E$$
$$= I_{BQ}R_B + U_{BEQ} + (1+\beta)I_{BQ}R_E$$

进一步可得

$$I_{BQ} = \frac{V_{CC} - U_{BEQ}}{R_B + (1+\beta)R_E} \tag{4-18}$$

$$I_{CQ} \approx \beta I_{BQ} \tag{4-19}$$

$$U_{CEQ} = V_{CC} - I_{EQ}R_E \approx V_{CC} - I_{CQ}R_E \tag{4-20}$$

（2）动态分析。对图 4-29(c) 所示的微变等效电路可得

$$\dot{U}_o = \dot{I}_e R'_L = (1+\beta)\dot{I}_b R'_L$$

$$\dot{U}_i = \dot{I}_b r_{be} + \dot{I}_e R'_L = \dot{I}_b r_{be} + (1+\beta)\dot{I}_b R'_L$$

故

$$\dot{A}_u = \frac{\dot{U}_o}{\dot{U}_i} = \frac{(1+\beta)R'_L}{r_{be} + (1+\beta)R'_L} \tag{4-21}$$

式中，$R'_L = R_E // R_L$。

通常情况下，$(1+\beta)R'_L \gg r_{be}$，所以放大倍数 $\dot{A}_u$ 近似为1。说明 $\dot{U}_o$ 与 $\dot{U}_i$ 大小基本相等，且同相位，即输出电压紧紧跟随输入电压的变化而变化。因此，射极输出器也称为电压跟随器。

射极输出器虽然没有放大电压，但射极电流 I_e 是基极 I_b 的 $1+\beta$ 倍。所以射极输出器

仍然具有电流放大作用。

射极输出器的输入电阻为
$$r_i = R_B // [r_{be} + (1+\beta)R_L'] \tag{4-22}$$

由上式可知，射极输出器的输入电阻比共射放大电路的输入电阻大得多，可达几十千欧至几百千欧。

射极输出器的输出电阻为
$$r_o = R_E // \frac{R_S' + r_{be}}{1+\beta} \tag{4-23}$$

式中，$R_S' = R_S // R_B$。射极输出器的输出电阻比共射放大电路小，一般为几欧到几十欧，因而射极输出器具有恒压输出特性。

2. 射极输出器的电路特点

① 输出与输入电压同相且近似相等，电压放大倍数小于1，且近似为1。

② 电路无电压放大作用，却有电流和功率放大作用。

③ 电路的输入电阻高，可减小放大电路从信号源索取的电流，以降低信号源的功率容量。在多级放大器中多用来作为输入级。

④ 输出电阻小，带负载能力强。当放大器接入负载或负载变化时，对放大器的影响小，可以保持输出电压的稳定，所以可用作多级放大器的输出级。

⑤ 射极输出器还可作为两级放大电路之间的隔离级，以减轻前、后级的相互影响，并在隔离前、后级的同时，起到阻抗匹配作用。

【例 4-3】 在图 4-29(a) 所示的共集电极放大电路中，$V_{CC}=10V$，$R_E=5.6k\Omega$，$R_B=240k\Omega$，晶闸管的 $\beta=40$，信号源内阻 $R_S=10k\Omega$，负载电阻 R_L 开路。试估算静态工作点，并计算其电压放大倍数、输入电阻和输出电阻。

解：

$$I_{BQ} = \frac{V_{CC} - U_{BEQ}}{R_B + (1+\beta)R_E} = \frac{10 - 0.7}{240 + 41 \times 5.6} \approx 0.02(mA)$$

$$I_{CQ} \approx \beta I_{BQ} = 40 \times 0.02 = 0.8(mA)$$

$$U_{CEQ} = V_{CC} - I_{EQ}R_E \approx V_{CC} - I_{CQ}R_E = 10 - 0.8 \times 5.6 = 5.52(V)$$

其微变等效电路如图 4-29(c) 所示。

$$r_{be} = 300\Omega + (\beta+1)\frac{26mV}{I_{EQ}} = 300\Omega + \frac{41 \times 26mV}{0.8mA} \approx 1.6(k\Omega)$$

$$\dot{A}_u = \frac{\dot{U}_o}{\dot{U}_i} = \frac{(1+\beta)R_L'}{r_{be} + (1+\beta)R_L'} = \frac{41 \times 5.6}{1.6 + 41 \times 5.6} = 0.993$$

式中，$R_L' = R_E = 5.6k\Omega$。

$$r_i = R_B // [r_{be} + (1+\beta)R_L'] = \frac{240 \times (1.6 + 41 \times 5.6)}{240 + (1.6 + 41 \times 5.6)} = 118(k\Omega)$$

$$r_o = R_E // \frac{R_S' + r_{be}}{1+\beta} \approx \frac{R_S' + r_{be}}{1+\beta} = \frac{9.6 + 1.6}{41} = 273(\Omega)$$

式中，$R_S' = R_B // R_S = \frac{10 \times 24}{10 + 24} = 9.6(k\Omega)$。

3. 测试射极输出器的性能

（1）所需设备与器件（见表 4-8）。

表 4-8 射极输出器性能测试所需实训设备与器件一览表

序号	名称	型号与规格	数量	备注
1	直流稳压电源	+12V	1 路	实训台
2	函数信号发生器		1 个	实训台
3	频率计		1 个	实训台
4	双踪示波器		1 台	自备
5	万用表		1 只	自备
6	交流毫伏表		1 只	自备
7	直流电压表		1 只	实训台
8	直流毫安表		1 只	实训台
9	电解电容	10μF	2 个	DDZ-21
10	电位器	470kΩ	1 个	DDZ-21
11	三极管	3DG6	1 个	DDZ-21
12	电阻	1kΩ、2kΩ、5.1kΩ、10kΩ、2.7kΩ	各 1 个	DDZ-21

（2）内容与步骤。

① 按图 4-30 利用导线连接好实训电路。

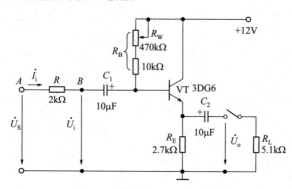

图 4-30 射极输出器实训电路

② 调整静态工作点。将 +12V 直流稳压电源接入电路。在 B 点加入 $f=1\text{kHz}$ 正弦信号 u_i，输出端用示波器监视输出波形，反复调整 R_W 及信号源的输出幅度，使在示波器的屏幕上得到一个最大不失真输出波形，然后置 $u_i=0$，用直流电压表测量晶体管各电极对地电位，将测得数据记入表 4-9。

表 4-9 数据记录表（1）

U_E/V	U_B/V	U_C/V	I_E/mA

注意：在下面整个测试过程中应保持 R_W 值不变（即保持静态工作点 I_E 不变）。

③ 测量电压放大倍数 A_u。

接入负载 $R_L=1\mathrm{k}\Omega$，在 B 点加 $f=1\mathrm{kHz}$ 正弦信号 u_i，调节输入信号幅度，用示波器观察输出波形 u_o，在输出最大不失真情况下，用交流毫伏表测 U_i、U_L 值，记入表 4-10。

表 4-10　数据记录表（2）

U_i/V	U_L/V	A_u

④ 测量输出电阻 R_o。接上负载 $R_L=1\mathrm{k}\Omega$，在 B 点加 $f=1\mathrm{kHz}$ 正弦信号 u_i，用示波器监视输出波形，测空载输出电压 U_o，有负载时输出电压 U_L，记入表 4-11。

表 4-11　数据记录表（3）

U_o/V	U_L/V	R_o/kΩ

⑤ 测量输入电阻 R_i。在 A 点加 $f=1\mathrm{kHz}$ 的正弦信号 u_S，用示波器监视输出波形，用交流毫伏表分别测出 A、B 点对地的电位 U_S、U_i，记入表 4-12。

表 4-12　数据记录表（4）

U_S/V	U_i/V	R_i/kΩ

⑥ 测试跟随特性。接入负载 $R_L=1\mathrm{k}\Omega$，在 B 点加入 $f=1\mathrm{kHz}$ 正弦信号 u_i，逐渐增大信号 u_i 幅度，用示波器监视输出波形直至输出波形达最大不失真，测量对应的 U_L 值，记入表 4-13。

表 4-13　数据记录表（5）

U_i/V	
U_L/V	

⑦ 测试频率响应特性。保持输入信号 u_i 幅度不变，改变信号源频率，用示波器监视输出波形，用交流毫伏表测量不同频率下的输出电压 U_L 值，记入表 4-14。

表 4-14　数据记录表（6）

f/kHz	
U_L/V	

（3）总结。
① 整理实训数据，总结射极输出器的电路特点。
② 分析射极输出器的性能和特点。

任务三 测试负反馈放大电路的性能

任务描述

在电子电路中,反馈是一种普遍存在的现象。反馈是指通过反馈环节建立输入量与输出量之间的制约关系,反馈包括正反馈和负反馈。正反馈是指随着输出量的增加,通过反馈环节输入量也将增加。负反馈是指随着输出量的增加,通过反馈环节输入量将减小。为了改善放大电路的性能通常会在放大电路中引入负反馈。我们将通过了解多级放大器、负反馈放大电路,理解负反馈对放大电路性能的影响,学会用负反馈放大电路解决实际问题。

一、多级放大器

单级小信号放大电路的放大倍数一般可达几十倍。但在实际应用中,往往经放大后的输出电压和功率仍然不够大,或性能不够稳定,或某些指标达不到要求等。为提高放大倍数并改善电路的性能指标,实际电路一般多是由几级基本放大电路及它们的改进型组合而成的,构成多级放大电路。一般实用的电子电路都是由多级放大电路构成的。

多级放大电路由输入级、中间级和输出级构成,其示意图如图 4-31 所示。各级之间信号传递方式称为信号的耦合。耦合方式一般有阻容耦合、变压器耦合和直接耦合三种。

图 4-31 多级放大电路示意图

1. 阻容耦合多级放大器

(1) 电路组成。如图 4-32 所示为阻容耦合两级放大电路,在电路中,第一级和第二级放大电路之间是通过电容 C_2 进行耦合的。

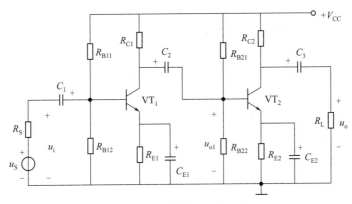

图 4-32 阻容耦合两级放大电路

(2) 电路特点。

① 静态工作点彼此独立,其分析计算与单级电路相同,此处不再赘述。

② 由于耦合电容对于缓慢变化的信号和直流信号所呈现的容抗较大,电容上信号损失也就较大,传输给下一级的信号就会很小。因此阻容耦合电路不适合放大变化缓慢的信号,只能放大频率较高的交流信号,故也称为交流放大器。

③ 由于集成电路中制造较大容量的电容很困难,因此集成电路中一般不采用阻容耦合方式。

(3) 交流性能分析。有信号输入时,由于电容容量较大,对交流呈现很低的阻抗,与电阻 R_i 相比其值可以忽略,因此有 $U_{o1} \approx U_{i2}$。各动态指标分别为:

① 电压放大倍数 A_u:

$$A_u = A_{u1} A_{u2} A_{u3} \cdots A_{un} \quad (各级电压放大倍数的乘积)$$

② 输入电阻 R_i:

$$R_i = R_{i1} \quad (第一级的输入电阻)$$

③ 输出电阻 R_o:

$$R_o = R_{on} \quad (最后一级的输出电阻)$$

2. 变压器耦合多级放大器

(1) 电路组成。图 4-33 所示为变压器耦合两级放大电路。由图中可以看出,两级之间是通过变压器 TR_1 进行耦合的。

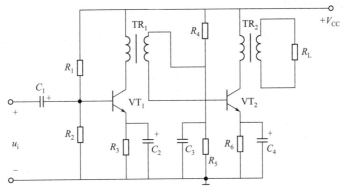

图 4-33 变压器耦合两级放大电路图

(2) 电路特点。

① 由于变压器的隔直流作用,所以各级的静态工作点是互相独立的。

② 对交流信号而言,变压器起着传输作用。

③ 变压器还有阻抗变换作用,即通过变压器将负载电阻变换成放大器所需要的最佳负载值,以使放大器获得最大功率输出,因此变压器耦合方式适用于功率放大电路。

④ 变压器耦合的主要缺点是不能放大直流和频率很低的信号,另外变压器体积和重量都比较大,不利于集成化。

3. 直接耦合多级放大器

(1) 电路结构。图 4-34 所示是两级直接耦合放大电路。两级放大电路中,级与级之间不用电容,也不用变压器,而是用导线、电阻或二极管等元件连接。

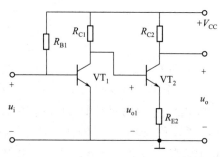

(2) 电路特点。

① 静态工作点不独立。各级之间的静态工作点互相牵制,这就使电路的调整设计、分析和计算都比较困难,必须全盘考虑。

图 4-34 两级直接耦合放大电路

② 零输入与零输出。为保证电路在没有输入信号的情况下也没有输出信号,设计电路时,必须使输入与输出端的静态电位为零,这就是零输入与零输出的含义。为满足这一点,需要加正、负电源,并且要配置适当。

③ 零点漂移。当输入信号为零时,理论上输出电压应为零。但是由于温度变化、电源电压波动以及电路元件参数变化等因素的影响,会使电路的输出端有电压,即输出电压偏离静态零点而上下漂移,这种现象称为零点漂移,简称零漂。零漂是一种静态不稳定的表现,在直接耦合电路中显得比较突出。为了抑制零漂,通常采用差分放大作为电路的输入级。

④ 直接耦合电路由于没有耦合电容和变压器,信号属于直接传输,所以它既能放大交流信号,也能放大直流信号,这一点对视频信号而言非常重要。为了与交流放大电路区分,直接耦合放大电路也称为直流放大电路。

⑤ 直接耦合多级放大电路因低频特性好,又无大电容与电感,便于集成,通常用于集成电路中。

二、负反馈放大电路

所谓反馈,就是将放大电路输出信号(电压或电流)的一部分或全部,通过一定的反馈网络回送到输入端并与输入信号合成的过程。其反馈方框图如图 4-35 所示。

图 4-35 反馈方框示意图

任何带有反馈的放大电路都包含两个部分：一是基本放大电路，它可以是单级或多级的；二是反馈网络，它是联系放大电路输出与输入端的环节，多数是由电阻元件组成的。基本放大器 A 的作用是完成对输入信号的放大，而反馈网络 F 则完成从输出到输入的回送。其中 X_i 为外输入量，X_i' 为净输入量，X_f 为反馈量，X_o 为输出量，它们可以是电压或电流，箭头表示信号传输方向。反馈信号和输入信号在输入端比较，按图中"＋""－"极性可得净输入信号为

$$X_i' = X_i - X_f$$

综上所述，判断电路是否有反馈，只要看放大电路有没有从输出端回送到输入端的通路，如有通路则电路存在反馈，否则电路无反馈。

1. 判断负反馈的类型

（1）反馈极性判断。按极性可分为正反馈与负反馈。

反馈信号削弱原输入信号，使净输入信号减小，放大电路增益（也称为放大倍数）下降的为负反馈。其净输入量 X_i'、外输入量 X_i、反馈量 X_f 之间的关系可写为 $X_i' = X_i - X_f$。负反馈多用于改善放大电路的性能。

反馈信号增强原输入信号，使净输入信号增大，放大电路增益提高的为正反馈，其净输入量 X_i'、外输入量 X_i、反馈量 X_f 之间的关系可写为 $X_i' = X_i + X_f$。正反馈多用于振荡电路。

判断方法：通常采用瞬时极性法来判断。首先假设在原输入信号作用下，晶体管的基极电位某一瞬间的极性为"＋"，则其集电极的电位为"－"（注意：电容、电阻等不会改变瞬时极性）。最后判断出反馈到输入端的反馈信号的极性，若反馈信号与输入信号同相，则为正反馈，反之则为负反馈。

（2）负反馈的类型与判断。

① 按从输出端反馈信号的方式分电压反馈和电流反馈。

反馈信号取自输出电压，即反馈信号与输出电压成正比，称为电压反馈。反馈信号取自输出电流，即反馈信号与输出电流成正比，称为电流反馈。

判断电压反馈和电流反馈可采用短接法。短接法是指假定把放大器负载短接，即令 $u_o = 0$，此时如果反馈信号也为零，则为电压反馈，否则为电流反馈。这是因为电压反馈取样于输出电压，若输出电压为零，则反馈信号为零，否则就不是电压反馈而为电流反馈。

② 按反馈网络与输入端的连接方式分串联反馈和并联反馈。

反馈网络与放大电路输入端串联，反馈以电压比较的形式出现，称为串联反馈。反馈网络与放大电路输入端并联，反馈以电流比较的形式出现，则称为并联反馈。

串联反馈和并联反馈可以根据电路结构判断。若输入信号与反馈信号加在放大电路两个不同的输入端则为串联反馈；若输入信号与反馈信号加在放大器的同一输入端则为并联反馈。

根据以上分析，负反馈有四种类型，即电压串联负反馈、电压并联负反馈、电流串联负反馈、电流并联负反馈。

2. 负反馈对放大电路性能的影响

负反馈的引入会对放大电路的性能产生一定的影响。

(1) 负反馈对放大倍数的影响。

负反馈可以降低放大电路的放大倍数。但由于负反馈有削弱输入信号的作用,所以可稳定输出量,也稳定了放大倍数。

(2) 负反馈对输入电阻的影响。

负反馈对输入电阻的影响取决于反馈网络在输入端的连接方式,而与输出端的连接方式无关。串联负反馈可使放大电路的输入电阻增大,并联负反馈可使输入电阻减小。

(3) 负反馈对输出电阻的影响。

负反馈对输出电阻的影响取决于反馈网络在输出端的取样方式。电压负反馈可使放大电路的输出电阻减小,电流负反馈可使输出电阻增大。

(4) 负反馈使放大电路的非线性失真减小。

放大电路中虽然设置了静态工作点,但由于晶体管的非线性,往往会造成输出电压的非线性失真。引入负反馈后能够有针对性地改善这种失真。

3. 测试负反馈放大器的性能

(1) 所需设备与器件,见表 4-15。

表 4-15 负反馈放大器的性能测试所需实训设备与器件表

序号	名称	型号与规格	数量	备注
1	直流稳压电源	+12V	1 路	实训台上
2	函数信号发生器		1 个	实训台上
3	频率计		1 个	实训台上
4	双踪示波器		1 台	自备
5	万用表		1 只	自备
6	交流毫伏表		1 只	自备
7	直流电压表		1 只	实训台上
8	三极管	3DG6	2 只	DDZ-21
9	电解电容	10μF	3 个	DDZ-21
10	电解电容	100μF	2 个	DDZ-21
11	电解电容	22μF	1 个	
12	电阻	100Ω、5.1kΩ、8.2kΩ、10kΩ、20kΩ	各 1 个	
13	电阻	1kΩ	2 个	
14	电阻	2.4kΩ	3 个	
15	电位器	470kΩ	1 个	DDZ-21

(2) 内容与步骤:

① 按图 4-36 利用导线连接好实训电路。

② 将 +12V 直流稳压电源接入实训电路。

③ 令 $U_i=0$,用直流电压表分别测量第一级、第二级的静态工作点,记入表 4-16。

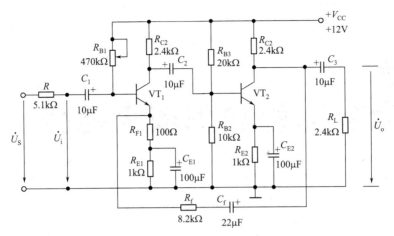

图 4-36 带有电压串联负反馈的两级阻容耦合放大器

表 4-16 测量数据记录表（1）

项目	U_B/V	U_E/V	U_C/V	I_C/mA
第一级				
第二级				

④ 测试负反馈放大器的各项性能指标。给放大器输入 $f=1\text{kHz}$、U_i 约 10mV 的正弦波信号，用示波器监视输出波形 u_o，调节信号幅度，使放大器达到最大不失真状态，用交流毫伏表测量 U_S、U_i、U_L、A_{uf}、R_{if} 和 R_{of} 记入表 4-17。

表 4-17 测量数据记录表（2）

U_S/mV	U_i/mV	U_L/V	U_o/V	A_{uf}	R_{if}/kΩ	R_{of}/kΩ

⑤ 断开负反馈电路，测量基本放大器的各项参数，自拟表格记录测量数据。

（3）总结。

① 将基本放大器和负反馈放大器动态参数的实测值和理论估算值进行比较。

② 总结放大电路中引入负反馈的方法。

③ 根据测试结果，总结电压串联负反馈对放大器性能的影响。

任务四
认知互补对称功率放大电路

任务描述

功率放大器在各种电子设备中有着极为广泛的应用。从能量控制的观点来看，功率放大器与电压放大器没有本质的区别，只是完成的任务不同，电压放大器主要是不失真地放大电压信号，而功率放大器是为负载提供足够的功率。我们将通过认识功率放大电路，测试 OTL 功率放大器性能，理解功率放大器的工作原理，掌握功率放大电路的调试及主要性能指标的测试方法，学会测试功率放大电路的性能。

一、功率放大电路的工作状态

在多级放大电路中，向负载提供信号功率的任务主要由输出级电路承担，通常将能够向负载提供较大信号功率的放大电路称为功率放大电路。

功率放大电路主要要求输出功率要足够大、效率要高、尽量减小非线性失真、驱动能力强。放大电路按其晶体管导通时间的不同，其工作状态可分为甲类、甲乙类和乙类，如图 4-37 所示。

前面所讲的电压放大电路静态工作点在交流负载线的中点，称为甲类工作状态。此时不论是否有信号输入，电源提供的功率是不变的，在理想情况下，甲类放大电路的最高效率也只能达到 50%。为了提高效率，应将静态工作点下移，如图 4-37（b）所示，称为甲乙类工作状态。若将静态工作点下移至 $i_C=0$ 处，如图 4-37（c）所示，称为乙类工作状态。甲乙类和乙类工作状态静态时消耗的功率减小了，效率得以提高，但输出出现了严重的失真。解决此问题的方法是在电路上采用互补对称电路，常用的有 OCL 与 OTL 互补对称功率放大电路。

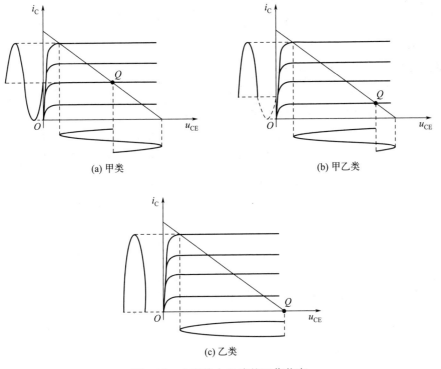

图 4-37 功率放大电路的工作状态

二、OCL 互补对称功率放大电路

1. 乙类 OCL 互补对称功率放大电路

如图 4-38 所示,采用双电源并且无输出电容的互补对称功率放大电路称为乙类 OCL 互补对称功率放大电路。它由特性一致的 NPN 型和 PNP 型晶体管 VT_1、VT_2 组成。两管的基极连在一起,接输入信号,两管的发射极连在一起作为接负载的输出端,两管的集电极分别接正电源和负电源。

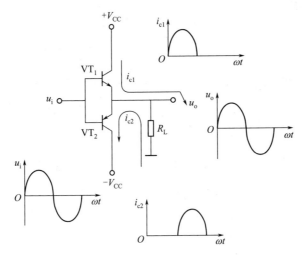

图 4-38 乙类 OCL 互补对称功率放大电路

静态时,两管截止,$I_{CQ}=0$,电路处于乙类状态。当有输入信号时,在正半周 VT_1 管导通,VT_2 截止;在负半周 VT_2 管导通,VT_1 截止。两管正、负半周轮流导通,互相补充,避免了输出波形的失真。

2. 甲乙类 OCL 互补对称功率放大电路

由于晶体管存在死区电压,当加在晶体管发射结上的正向电压小于死区电压时,晶体管不能导通,因此,在两个管子交替的过程中,有一段时间两管都截止,负载上的电压将出现失真,这种失真称为交越失真,交越失真波形如图 4-39 所示。为了克服交越失真,需要给晶体管加上较小的静态偏置,电路如图 4-40 所示。此时 VD_1、VD_2 上产生的电压降为 VT_1、VT_2 提供了一个适当的偏置电压,使两个晶体管在静态时处于微导通状态,消除了交越失真,属于甲乙类 OCL 互补对称功率放大电路。

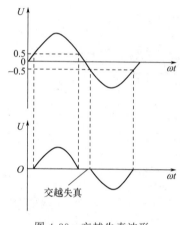

图 4-39 交越失真波形

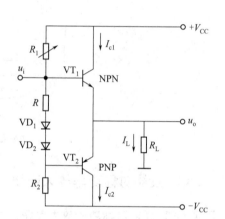

图 4-40 甲乙类 OCL 互补对称功率放大电路

3. 主要技术指标

(1) 输出功率。输出功率是负载 R_L 上的电流 I_o 与输出电压 U_o 有效值的乘积。设输出电压的最大值为 U_{om} 则

$$P_o = U_o I_o = \frac{U_{om}}{\sqrt{2}} \times \frac{U_{om}}{\sqrt{2} R_L} = \frac{1}{2} \times \frac{U_{om}^2}{R_L} \tag{4-24}$$

当输入电压足够大时,晶体管接近饱和,有 $U_{om} = V_{CC} - U_{CES} \approx V_{CC}$,可获得最大的输出功率为

$$P_{om} = \frac{1}{2} \times \frac{U_{om}^2}{R_L} \approx \frac{1}{2} \times \frac{V_{CC}^2}{R_L} \tag{4-25}$$

(2) 直流电源供给的功率。当输出最大功率时,直流电源供给的功率为

$$P_V = V_{CC} \frac{1}{\pi} \int_0^\pi I_{cm} \sin(\omega t) \mathrm{d}(\omega t) = \frac{2V_{CC} I_{cm}}{\pi} = \frac{2V_{CC}^2}{\pi R_L} \tag{4-26}$$

(3) 最大管耗。每个晶体管的最大管耗为

$$P_{Tm} = 0.2 P_{om} \tag{4-27}$$

(4) 效率。

$$\eta = \frac{P_o}{P_V} = \frac{\pi}{4} \times \frac{U_{om}}{V_{CC}} \tag{4-28}$$

当 $U_{om} \approx V_{CC}$ 时，$\eta = \frac{P_o}{P_V} = \frac{\pi}{4} \approx 78.5\%$。

(5) 功放晶体管的选择条件。晶体管的极限参数有 P_{CM}、I_{cm}、$U_{(BR)CEO}$，选择晶体管时应满足下列条件：

① 功放晶体管集电极的最大允许管耗 $P_{CM} \geqslant P_{Tm} = 0.2 P_{om}$。

② 功放晶体管的最大耐压 $|U_{(BR)CEO}| \geqslant 2V_{CC}$。

③ 功放晶体管的最大集电极电流 $I_{CM} \geqslant \dfrac{V_{CC}}{R_L}$。

三、OTL 互补对称功率放大电路

1. 电路构成与工作原理

OCL 互补对称功率放大电路中需要正、负两个电源。在实际应用中，通常希望采用单电源供电。采用一个电源的互补对称功率放大电路称为 OTL（无输出变压器）电路。图 4-41 所示为甲乙类 OTL 互补对称功率放大电路。

在图 4-41 中，VT_2、VT_3 两管的发射极通过一个大电容 C 接到负载上。静态时 VT_2、VT_3 两管的发射极电压为电源电压的一半，则电容 C 两端直流电压为 $V_{CC}/2$。有输入信号时，在正半周 VT_2 导通、VT_3 截止，电流经电容 C 流向负载，并对电容充电至 $V_{CC}/2$；在负半周 VT_3 导通、VT_2 截止，已充电的电容 C 起到 $-V_{CC}$ 电源的作用，通过 VT_3 向负载放电。只要选择时间常数 RLC 足够大，电容 C 上的电压就可维持 $V_{CC}/2$ 不变，其等效电路如图 4-42 所示。可见 OTL 功率放大的原理与 OCL 相同。因此，在估算功率参数时，可采用与 OCL 电路同样的公式进行估算，只需将其中的 V_{CC} 全部改为 $V_{CC}/2$ 即可。

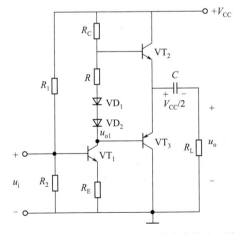

图 4-41 甲乙类 OTL 互补对称功率放大电路

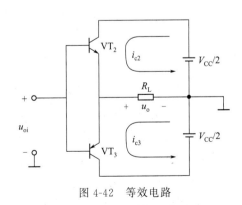

图 4-42 等效电路

2. 测试 OTL 功率放大器性能

（1）所需设备与器件见表 4-18。

表 4-18　测试 OTL 功率放大器性能所需设备与器件一览表

序号	名称	型号与规格	数量	备注
1	直流稳压电源	+5V	1路	实训台
2	函数信号发生器		1个	实训台
3	频率计		1个	实训台
4	双踪示波器		1台	自备
5	交流毫伏表		1只	自备
6	直流电压表		1只	实训台
7	直流毫安表		1只	实训台
8	电解电容	10μF、1000μF	各1个	DDZ-21
9	电解电容	100μF	2个	DDZ-21
10	三极管	3DG6、3DG12、3CG12	各1个	DDZ-21
11	二极管	1N4007	1个	DDZ-21
12	电阻	10Ω、100Ω、510Ω、680Ω、2.4kΩ、3.3kΩ	各1个	
13	电位器	1kΩ、100kΩ	各1个	DDZ-12

(2) 内容与步骤。

① 按照图 4-43 连接好 OTL 功率放大器实训电路。

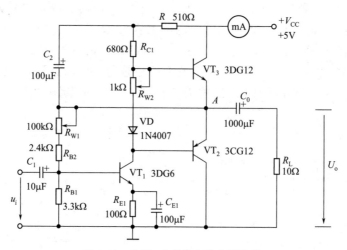

图 4-43　OTL 功率放大器实训电路

② 将实训台上的 +5V 直流稳压电源连接到实训线路上。

③ 用直流电压表测中点 U_A 电位,同时调节 R_{W1} 电位器,使 $U_A=2.5V$。

④ 在输入端加入频率为 1kHz 的正弦波信号,输入信号由零逐渐增大(大约 10mV),输出端用示波器测试波形,调整 R_{W2} 电位器,使 $I_{C2}=I_{C3}=5\sim10\text{mA}$,此时如有削顶失真,再调 R_{W1} 电位器和输入信号幅度,使之达到最大不失真状态。

⑤ 测试静态工作点。关闭信号源,用直流电压表测量各级静态工作点,记入表 4-19。

注意:

a. 在调整 R_{W2} 时,要注意旋转方向,不要调得过大,更不能开路,以免损坏输出管。

b. 输出管静态电流调好,如无特殊情况,不得随意旋动 R_{W2} 的位置。

表 4-19 数据记录表 ($U_A = 2.5V$)

项目	VT$_1$	VT$_2$	VT$_3$
U_B/V			
U_C/V			
U_E/V			

⑥ 测试最大输出功率 P_{om} 和效率 η。

a. 测量 P_{om}。输入端接 $f=1\text{kHz}$ 的正弦信号 u_i,输出端用示波器观察输出电压 u_o 波形。逐渐增大 u_i,使输出电压达到最大不失真输出,用交流毫伏表测出负载 R_L 上的电压 U_{om},计算 P_{om}。

b. 测量 η。当输出电压为最大不失真输出时,读出直流毫安表中的电流值,此电流即为直流电源供给的平均电流 I_{dC}(有一定误差),由此可近似求得电源输出功率 $P_E = V_{CC}I_{dC}$,再根据上面测得的 P_{om},即可求出效率 η。

(3) 测试后,总结与讨论。

① 整理实训数据,计算静态工作点、最大不失真输出功率 P_{om}、效率 η 等,并与理论值进行比较。

② 绘出所观察到的波形。

③ 讨论实训中发生的问题及解决办法。

任务五
用集成运算放大器设计实现运算电路

> **任务描述**
>
> 随着半导体技术的发展，可将很多的晶体管、电阻元件和引线制作在面积非常小的硅片上，称为集成电路。按其功能不同，集成电路可分为模拟集成电路和数字集成电路两大类。集成运算放大器是模拟集成电路的一种，最初用于数的运算，所以称为集成运算放大器。它具有体积小、重量轻、价格便宜、使用可靠、灵活方便、通用性强等优点，在检测、自动控制、信号产生与信号处理等许多方面都得到了广泛应用。我们将通过认识集成运算放大器、学习集成运算放大器的分析方法和集成运算放大器的线性应用，学会分析集成运算放大器和使用集成运算放大器。

一、集成运算放大器

集成运算放大器是模拟集成电路中品种最多、应用最广泛的一类组件，它实质上是一个多级直接耦合的高增益放大器。在自动控制、仪表、测量等领域，发挥着十分重要的作用。

1. 集成运算放大器的组成

集成运算放大器的种类非常多，内部电路也各不相同，但一般由输入级、中间级、输出级和偏置电路四部分组成，如图4-44所示。

输入级：由于集成运放的内部各级放大电路之间采用直接耦合的连接方式，所以，一般采用具有恒流源的双输入端的差分放大电路，其目的就是消除零漂、提高输入阻抗、增强抗干扰能力。它有两个输入端，分

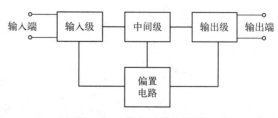

图4-44 集成运放方框图

别称为同相输入端和反相输入端。

中间级：主要作用是提高电压放大倍数，一般是共射极放大电路。

输出级：一般是射极输出器或互补对称功放电路，以降低输出电阻，提高带负载能力。

偏置电路：为各级提供合适的静态工作电流，由各种电流源电路组成。

集成运算放大器常见的封装外形有圆壳式、双列直插式和扁平式三种，如图 4-45 所示。

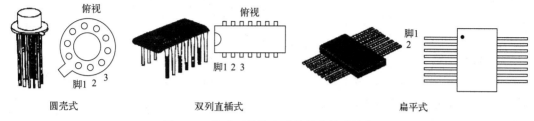

图 4-45 集成运算放大器常见的外形封装

如图 4-46 所示，为集成运算放大器的符号。它有两个输入端，其中 N 端为反相输入端，用符号"－"表示，当输入信号由此端加入时，由它产生的输出信号与输入信号反相。P 端为同相输入端，用符号"＋"表示，当输入信号由此加入时，由它产生的输出信号与输入信号同相。图中"▷"表示信号的传输方向，"∞"表示理想条件。

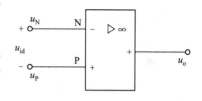

图 4-46 集成运算放大器的符号

2. 集成运算放大器的主要性能指标

由于运算放大器采用的是封装的形式，所以在使用运算放大电路时，最关心的就是各引脚的作用及放大器的主要参数。

（1）输入失调电压 U_{IO}。理想运算放大器，当输入信号为零时其输出也为零。但在实际的集成电路器件中，由于输入级的差动，放大电路总会存在一些不对称的现象，使得输入为零时，输出不为零。这种输入为零而输出不为零的现象称为"失调"。为讨论方便，人们将由于器件内部的不对称所造成的失调现象，看成是由于外部存在一个误差电压而造成的，这个外部的误差电压叫作输入失调电压，记作 U_{IO}。

输入失调电压在数值上等于输入为零时的输出电压除以运算放大器的开环电压放大倍数

$$U_{IO}=\frac{U_{OO}}{A_{od}} \tag{4-29}$$

式中　U_{IO}——输入失调电压；

U_{OO}——输入为零时的输出电压值；

A_{od}——运算放大器的开环电压放大倍数。

（2）输入失调电流 I_{IO}。当输入信号为零时，运放输入端的输入偏置电流之差为输入失调电流，记为 I_{IO}。

$$I_{IO}=|I_{B1}-I_{B2}| \tag{4-30}$$

式中，I_{B1}、I_{B2} 为运算放大器两个输入端的输入偏置电流。

输入失调电流的大小反映了运放的内部差动输入级的两个晶体管的失配度，I_{B1}、I_{B2}

本身的数值很小（μA 或纳安级）。

（3）开环差模放大倍数 A_{od}。开环差模放大倍数，用 A_{od} 表示。它定义为：在没有外部反馈时，集成运放的开环输出电压 U_o 与输入端之间的差模输入信号 U_{id} 之比

$$A_{od} = \frac{U_o}{U_{id}} \tag{4-31}$$

或

$$A_{od} = 20\lg \frac{U_o}{U_{id}} (\mathrm{dB}) \tag{4-32}$$

A_{od} 越高，所构成的运算电路越稳定，运算精度也越高。

（4）共模抑制比 K_{CMR}。集成运放的差模电压放大倍数 A_{od} 与共模电压放大倍数 A_{oc} 之比称为共模抑制比，记为 K_{CMR}。

$$K_{CMR} = \frac{A_{od}}{A_{oc}} \tag{4-33}$$

一般用对数形式表示为

$$K_{CMR}(\mathrm{dB}) = 20\lg \left| \frac{A_{od}}{A_{oc}} \right| (\mathrm{dB}) \tag{4-34}$$

用共模抑制比 K_{CMR} 来衡量集成运算放大器对共模信号的抑制能力。K_{CMR} 越大，对共模信号的抑制能力越强，抗共模干扰的能力越强。

（5）共模输入电压范围 U_{ICM}。集成运放所能承受的最大共模电压称为共模输入电压范围，超出这个范围，运放的 K_{CMR} 会大大下降，输出波形产生失真，有些运放还会出现"自锁"现象以及永久性的损坏。

（6）最大输出电压 U_{OPP}。能使输出和输入保持不失真关系的最大输出电压。集成运放的最大输出电压又称输出电压动态范围，记为 U_{OPP}，该参数与电源电压、外接负载及信号源频率有关。

3. 集成运算放大器的分析方法

在分析由集成运算放大器组成的各种应用电路时，常常将集成运算放大器看成是一个理想集成运算放大器。所谓理想集成运算放大器就是将集成运算放大器的各项技术指标理想化，以便为分析应用电路带来方便。

（1）集成运算放大器的理想特性。理想集成运算放大器具有以下主要参数：

① 开环差模电压放大倍数 $A_{ud} \rightarrow \infty$；
② 差模输入电阻 $r_{id} \rightarrow \infty$；
③ 输出电阻 $r_o \rightarrow 0$；
④ 共模抑制比 $K_{CMR} \rightarrow \infty$；
⑤ 输入失调电压、失调电流及它们的温漂均为零；
⑥ 带宽足够大。

由于实际集成运放的上述技术指标接近理想化的条件，因此，在分析时用理想集成运放代替实际集成运放所引起的误差并不严重，在工程上是允许的，这就大大简化了分析过程。在以后的任务中，若无特别说明，均将集成运算放大器作为理想集成运算放大器来考虑。

（2）理想集成运算放大器的工作区。理想集成运算放大器的符号和电压传输特性如图 4-47 所示。

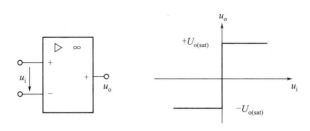

图 4-47 理想运算放大器的符号和电压传输特性

理想集成运算放大器工作在线性区时，利用理想参数可得到两个特点：

① "虚短"。由于 $u_o = A_{uo}(u^+ - u^-)$，而 $A_{uo} \to \infty$，所以 $u^+ - u^- = 0$，即 $u^+ \approx u^-$。换句话说，集成运放两个输入端之间的电压非常接近于零，但不是真的短路，简称为"虚短"。

② "虚断"。由于 $u_i \approx 0$，且 $r_i \to \infty$，所以两输入端的输入电流 $i_i \approx 0$，即流入理想集成运算放大器两个输入端的电流通常可看成零，但不是真正的断开，简称为"虚断"。

提示："虚短""虚断"是理想集成运算放大器工作在线性区的重要概念，涉及电压关系可利用"虚短"，涉及电流关系可利用"虚断"。

理想运算放大器工作在饱和区（即非线性）时，则 u^+ 与 u^- 不一定相等，当反相输入端 u^- 与同相输入端 u^+ 不等时，输出电压为正、负饱和值（$+U_{o(sat)}$ 或 $-U_{o(sat)}$），即：

当 $u^+ > u^-$ 时，$u_o = +U_{o(sat)}$；当 $u^+ < u^-$ 时，$u_o = -U_{o(sat)}$。

提示：理想运算放大器工作于饱和区时，两输入端的输入电流也等于零。

二、用集成运算放大器设计实现线性运算电路

由集成运算放大器构成的电路如引入电阻等线性元件的反馈网络，可实现比例、加法、减法等线性运算电路。

1. 设计反相比例运算电路

（1）设计并分析电路。如图 4-48 所示，采用一个集成运算放大器，输入信号 u_i 经电阻 R_1 加到反相输入端，同相输入端通过 R_2 接"地"，R_F 接在输出端和反相输入端之间，引入电压并联负反馈，就组成了反相比例运算电路。

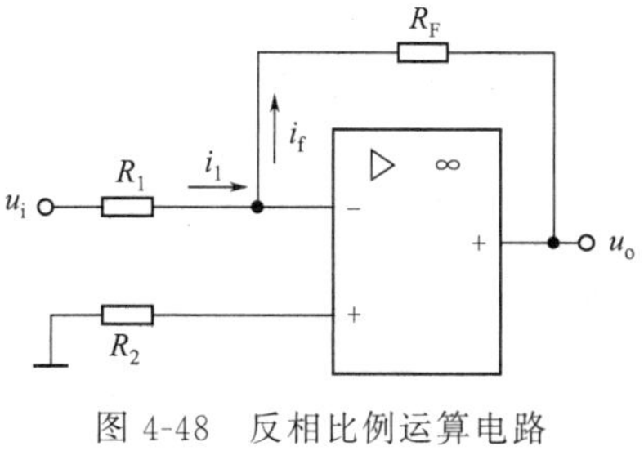

图 4-48 反相比例运算电路

下面分析该电路怎样实现反相比例运算：

由于"虚短"和"虚断"，$u^+ = u^- = 0$，$i_1 = i_f$

得
$$\frac{u_i}{R_1} = \frac{u^- - u_o}{R_F} = -\frac{u_o}{R_F}$$

$$u_o = -\frac{R_F}{R_1} u_i \tag{4-35}$$

即输出电压与输入电压成反相比例关系。

该电路的闭环电压放大倍数表达式如下:

$$A_{uf}=\frac{u_o}{u_i}=-\frac{R_F}{R_1} \quad (4\text{-}36)$$

从上式可以看出:闭环电压放大倍数可认为仅与电路中电阻 R_F 和 R_1 的比值有关,而与运算放大器本身的参数无关。

图 4-48 中 R_2 是平衡电阻,以保证静态时,两输入端基极电流对称。取 $R_2=R_1//R_F$。

当 $R_1=R_F$ 时,有 $u_o=-u_i$,即该电路为反相器。

(2) 测试电路。

① 所需设备与器件见表 4-20。

表 4-20 测试反相比例运算电路所需设备与器件表

序号	名称	型号与规格	数量	备注
1	直流稳压电源	+12V、-12V	各1路	实训台上
2	可调直流稳压电源	0~30V	2路	实训台上
3	函数信号发生器		1个	实训台上
4	频率计		1个	实训台上
5	双踪示波器		1台	自备
6	直流电压表		1只	实训台上
7	运算放大器	741	1块	
8	电阻	9.1kΩ、10kΩ、100kΩ	各1个	
9	电位器	100kΩ	1个	DDZ-12

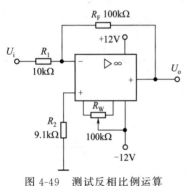

图 4-49 测试反相比例运算电路接线图

② 测试内容与步骤。测试前准备:利用挂箱 DDZ-22 上 14P 集成芯片插座,按照芯片方向插好芯片 741,也可以自己选择不同型号的运放。测试前要看清运放组件各引脚的位置,切忌正、负电源极性接反和输出端短路,否则将会损坏集成块。

a. 按照图 4-49 利用实训专用导线连接好反相比例运算实训电路。

b. 接通±12V 电源,输入端对地短路,进行调零。

c. 输入 $f=100\text{Hz}$,$U_i=0.5\text{V}$ 的正弦交流信号,测量相应的 U_o,并用示波器观察 u_o 和 u_i 的相位关系,记入表 4-21。

表 4-21 数据记录表 ($U_i=0.5\text{V}$,$f=100\text{Hz}$)

U_i/V	U_o/V	u_i 波形	u_o 波形	A_{uf}	
				实测值	计算值

③ 测试完成后,总结与思考。

a. 整理实训数据，总结反向比例运算电路的特点。
b. 将理论计算结果和实测数据相比较，分析产生误差的原因。

2. 设计同相比例运算电路

（1）设计电路。如图 4-50 所示，采用一个集成运算放大器，输入信号 u_i 经 R_2 加到运算放大器的同相输入端，输出电压经 R_F 和 R_1 分压后，取 R_1 上的电压反馈到运算放大器的反相输入端，电路中引入电压串联负反馈，就组成了同相比例运算电路。

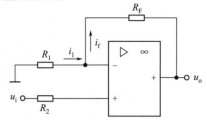

图 4-50 同相比例运算电路

下面分析该电路怎样实现反相比例运算：

根据"虚短"和"虚断"，可知 $u^+ = u^- = u_i$，$i_1 = i_f$

即

$$-\frac{u^-}{R_1} = \frac{u^- - u_o}{R_F}$$

也就是

$$-\frac{u_i}{R_1} = \frac{u_i - u_o}{R_F}$$

$$u_o = \left(1 + \frac{R_F}{R_1}\right)u_i \tag{4-37}$$

即输出电压与输入电压呈同相比例关系。其闭环电压放大倍数如下式

$$A_{uf} = \frac{u_o}{u_i} = 1 + \frac{R_F}{R_1} \tag{4-38}$$

图 4-50 中 R_2 是一个平衡电阻，以保证静态时两输入端基极电流对称。取 $R_2 = R_1 // R_F$。

提示：同相比例放大器的闭环放大倍数总是大于或等于 1。

当 $R_1 = \infty$ 或 $R_F = 0$ 时，有

$$A_{uf} = \frac{u_o}{u_i} = 1$$

这就是电压跟随器。由于电压跟随器引入了电压串联负反馈，具有输入电阻高、输出电阻低的特点，因此在电路中常常作为缓冲器。

（2）测试电路。

① 所需设备与器件（见表 4-22）。

表 4-22 测试同相比例运算电路所需设备与器件表

序 号	名称	型号与规格	数量	备注
1	直流稳压电源	+12V，-12V	各 1 路	实训台上
2	可调直流稳压电源	0~30V	2 路	实训台上
3	函数信号发生器		1 个	实训台上
4	频率计		1 个	实训台上
5	双踪示波器		1 台	自备
6	直流电压表		1 只	实训台上
7	运算放大器	741	1 块	
8	电阻	9.1kΩ、10kΩ、100kΩ	各 1 个	
9	电位器	100kΩ	1 个	DDZ-12

② 测试内容与步骤。测试前准备同反相比例运算电路。

a. 按照图 4-51(a) 利用导线连接好同相比例运算电路。

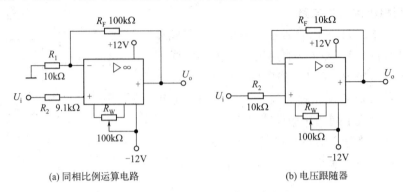

(a) 同相比例运算电路　　　　(b) 电压跟随器

图 4-51　测试同相比例运算电路接线图

b. 接通 ±12V 电源，输入端对地短路，进行调零。

c. 输入 $f=100\text{Hz}$，$U_i=0.5\text{V}$ 的正弦交流信号，测量相应的 U_o，并用示波器观察 u_o 和 u_i 的相位关系，记入表 4-23。

d. 将图 4-51(a) 中的 R_1 断开，得图 4-51(b) 电路，重复上面内容。

表 4-23　数据记录表（$U_i=0.5\text{V}$，$f=100\text{Hz}$）

U_i/V	U_o/V	u_i 波形	u_o 波形	A_{uf}	
				实测值	计算值

③ 测试完成后，总结与思考。

a. 整理实训数据，总结同相比例运算电路的特点。

b. 将理论计算结果和实测数据相比较，分析产生误差的原因。

3. 设计反相加法运算电路

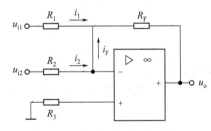

图 4-52　反相加法运算电路

（1）设计并分析电路。如图 4-52 所示，采用一个集成运算放大器，输入信号 u_{i1}、u_{i2} 分别经电阻 R_1、R_2 并联后加到反相输入端，同相输入端通过 R_3 接 "地"，R_F 接在输出端和反相输入端之间，引入电压并联负反馈，就组成了反相加法运算电路。

下面分析该电路怎样实现反相加法运算：

由于"虚短"和"虚断"，分析该电路可得下面表达式：

$$u^+ = u^- = 0$$
$$i_1 + i_2 = i_F$$

即

$$\frac{u_{i1}}{R_1} + \frac{u_{i2}}{R_2} = -\frac{u_o}{R_F}$$

$$u_o = -\left(\frac{R_F}{R_1}u_{i1} + \frac{R_F}{R_2}u_{i2}\right) \quad (4-39)$$

上式表明：输入输出的关系表达式也与运算放大器本身的参数无关，只要电阻值足够精确，即可保证加法运算的精度和稳定性。

若 $R_1 = R_2 = R_F$，则有下面表达式成立：

$$u_o = -(u_{i1} + u_{i2})$$

平衡电阻为 $\quad R_3 = R_1 // R_2 // R_F$

（2）测试电路。

① 所需设备与器件见表 4-24。

表 4-24　测试反相加法运算电路所需设备与器件表

序号	名称	型号与规格	数量	备注
1	直流稳压电源	+12V、-12V	各1路	实训台上
2	可调直流稳压电源	0~30V	2路	实训台上
3	函数信号发生器		1个	实训台上
4	频率计		1个	实训台上
5	双踪示波器		1台	自备
6	直流电压表		1只	实训台上
7	运算放大器	741	1块	
8	电阻	6.2kΩ	各1个	
9	电阻	10kΩ、100kΩ	各2个	
10	电位器	100kΩ	1个	DDZ-12

② 实训内容与步骤。测试前准备同反相比例运算电路。

a. 按照图 4-53，利用实训专用导线连接好反相加法运算实训电路。

b. 接通 ±12V 电源，输入端对地短路，进行调零。

c. 输入信号采用直流信号，用两路 0~30V 直流稳压电源输入。实训时要注意选择合适的直流信号幅度以确保集成运算放大器工作在线性区。用直流电压表测量输入电压 U_{i1}、U_{i2} 及输出电压 U_o，记入表 4-25。

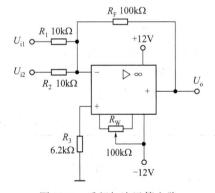

图 4-53　反相加法运算电路

表 4-25　数据记录表

U_{i1}/V				
U_{i2}/V				
U_o/V				

③ 测试完成后，总结与思考。

a. 整理实训数据，总结反相加法运算电路的特点。

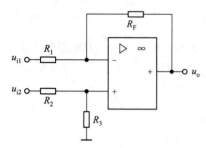

图 4-54 减法运算电路

b. 将理论计算结果和实测数据相比较,分析产生误差的原因。

4. 设计减法运算电路

(1) 设计并分析电路。如图 4-54 所示,采用一个集成运算放大器,输入信号 u_{i1}、u_{i2} 分别经电阻 R_1、R_2 加到反相输入端和同相输入端,同相输入端通过 R_3 接"地",R_F 接在输出端和反相输入端之间,引入电压并联负反馈,就组成了减法运算电路。

由于理想运算放大器工作在线性区,是线性器件,所以该电路是线性电路,可应用叠加原理分析。

当 u_{i1} 单独作用时,为反相比例运算电路,此时

$$u_o' = -\frac{R_F}{R_1} u_{i1}$$

当 u_{i2} 单独作用时,是同相比例运算电路,此时

$$u_o'' = \left(1 + \frac{R_F}{R_1}\right) \frac{R_3}{R_2 + R_3} u_{i2}$$

则根据叠加定律,可得

$$u_o = u_o' + u_o'' = \left(1 + \frac{R_F}{R_1}\right) \frac{R_3}{R_2 + R_3} u_{i2} - \frac{R_F}{R_1} u_{i1} \tag{4-40}$$

如果 $\dfrac{R_F}{R_1} = \dfrac{R_3}{R_2}$,则输出电压为

$$u_o = \frac{R_F}{R_1}(u_{i2} - u_{i1})$$

即输出电压与两输入电压之差 $(u_{i2} - u_{i1})$ 成正比。所以,在这种条件下,图 4-54 所示的电路就是一个差动放大电路。若再有 $R_1 = R_F$,则 $u_o = u_{i2} - u_{i1}$,即减法运算。

(2) 测试电路。

① 所需设备与器件(见表 4-26)。

表 4-26 测试减法运算电路所需设备与器件表

序号	名称	型号与规格	数量	备注
1	直流稳压电源	+12V、-12V	各1路	实训台上
2	可调直流稳压电源	0~30V	2路	实训台上
3	函数信号发生器		1个	实训台上
4	频率计		1个	实训台上
5	双踪示波器		1台	自备
6	直流电压表		1只	实训台上
7	运算放大器	741	1块	
8	电阻	10kΩ、100kΩ	各2个	
9	电位器	100kΩ	1个	DDZ-12

② 测试内容与步骤。测试前准备同反相比例运算电路。

a. 按照图 4-55 利用实训专用导线连接好减法运算实训电路。

b. 接通 ±12V 电源，输入端对地短路，进行调零。

c. 输入信号采用直流信号，用两路 0～30V 直流稳压电源输入。实训时要注意选择合适的直流信号幅度以确保集成运算放大器工作在线性区。用直流电压表测量输入电压 U_{i1}、U_{i2} 及输出电压 U_o，记入表 4-27。

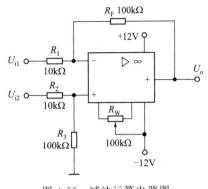

图 4-55 减法运算电路图

表 4-27 数据记录表

U_{i1}/V					
U_{i2}/V					
U_o/V					

③ 测试完成后，总结与思考。

a. 整理实训数据，总结减法运算电路的特点。

b. 将理论计算结果和实测数据相比较，分析产生误差的原因。

三、用集成运算放大器设计实现非线性运算电路

由集成运算放大器构成的电路如引入电容等非线性元件的反馈网络，可实现积分、微分等非线性运算电路。

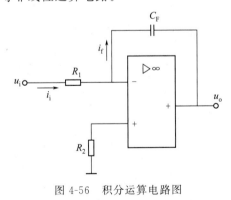

图 4-56 积分运算电路图

1. 设计积分运算电路

（1）设计并分析电路。把反相比例运算电路中的反馈电阻 R_F 换成电容 C_F，就构成了积分运算电路，如图 4-56 所示。

在积分运算电路中，根据理想集成运算放大器的"虚断""虚短"依据及基尔霍夫定律、欧姆定律得

$$u_o = -\frac{1}{C_F R_1}\int u_i dt \quad (4-41)$$

由上式可知，u_o 与 u_i 成积分运算关系，式中"—"表示 u_o 与 u_i 相位相反；$C_F R_1$ 称为积分时间常数。因此把此种电路称为"反相积分运算电路"。

（2）测试电路。

① 所需设备与器件（见表 4-28）。

表 4-28 测试积分运算电路所需设备与器件表

序号	名称	型号与规格	数量	备注
1	直流稳压电源	+12V、-12V	各1路	实训台上
2	可调直流稳压电源	0～30V	2路	实训台上
3	函数信号发生器		1个	实训台上
4	频率计		1个	实训台上
5	双踪示波器		1台	自备
6	直流电压表		1只	实训台上
7	CBB电容	1μF	1个	
8	运算放大器	741	1块	
9	电阻	100kΩ	各1个	
10	电阻	10kΩ	各2个	
11	电位器	100kΩ	1个	DDZ-12

② 测试内容与步骤。测试前准备同反相比例运算电路。

a. 按照图 4-57 利用实训专用导线连接好积分运算实训电路。

b. 接通±12V 电源，调零。

c. 输入 $f=1\text{kHz}$、$U_i=100\text{mV}$ 的方波信号，用双踪示波器观察输入输出波形，并绘制其输入输出波形。

③ 测试完成后，总结与思考。

a. 整理实训数据，总结积分运算电路的特点。

b. 将理论计算结果和实测数据相比较，分析产生误差的原因。

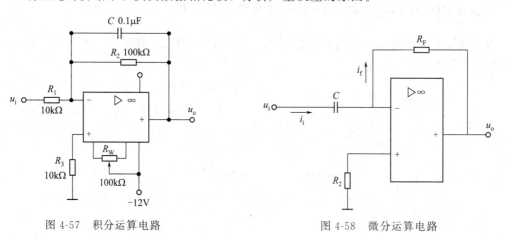

图 4-57 积分运算电路　　　　图 4-58 微分运算电路

2. 设计微分运算电路

（1）设计并分析电路。把反相比例运算电路中的电阻 R_1 换成电容 C，就构成了微分运算电路，如图 4-58 所示。

在微分运算电路中，根据理想集成运算放大器的"虚断""虚短"依据及基尔霍夫定律、欧姆定律得

$$u_o = -CR_F \frac{du_i}{dt} \tag{4-42}$$

由上式可知，u_o 与 u_i 成微分运算关系，式中"—"表示 u_o 与 u_i 相位相反；CR_F 称为微分时间常数。因此把此种电路称为"反相微分运算电路"。

（2）测试电路。

① 所需设备与器件（见表 4-29）。

表 4-29　测试微分运算电路所需设备与器件表

序号	名称	型号与规格	数量	备注
1	直流稳压电源	+12V、-12V	各 1 路	实训台上
2	可调直流稳压电源	0～30V	2 路	实训台上
3	函数信号发生器		1 个	实训台上
4	频率计		1 个	实训台上
5	双踪示波器		1 台	自备
6	直流电压表		1 只	实训台上
7	电解电容	10μF	1 个	DDZ-21
8	运算放大器	741	1 块	
9	电阻	100kΩ、200kΩ	各 1 个	
10	电位器	100kΩ	1 个	DDZ-12

② 测试内容与步骤。测试前准备同反相比例运算电路。

a. 按照图 4-59，利用实训专用导线连接好微分运算实训电路。

b. 接通 ±12V 电源，输入端对地短路，进行调零。

c. 输入 $f=1\text{kHz}$，$U_i=500\text{mV}$ 的三角波信号，用双踪示波器观察输入输出波形，并绘制其输入输出波形。

③ 测试完成后，总结与思考。

a. 整理实训数据，总结微分运算电路的特点。

b. 将理论计算结果和实测数据相比较，分析产生误差的原因。

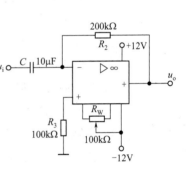

图 4-59　微分运算电路

任务六
认知直流稳压电源

任务描述

在生产、生活和科研实践中,有很多场合需要使用直流电源,例如电解、电镀、蓄电池充电、直流电动机供电等。某些电子仪器设备和自动控制装置则需要电压非常稳定的直流电源,而电网能提供的电源却是交流的,因此,如何获得经济、可靠、性能良好的直流电是一个十分重要的问题。直流稳压电源电路就是能实现这种功能的电路,它能够通过整流、滤波、稳压等转换电路把交流电压变成比较稳定的直流电压。我们将通过认知整流电路、滤波电路和稳压电路,分析测试常见的稳压电路和集成稳压器,进而学会分析和应用直流稳压电源。

一、整流电路

整流电路是利用二极管的单相导电性将交流电转变为脉动的直流电压。常见的整流电路有半波、全波、桥式整流。

1. 整流电路的类型

(1) 单相半波整流电路。单相半波整流电路及其波形如图 4-60 所示。

单相半波整流电路由整流变压器、整流元件及负载电阻组成。将整流极管视作理想二极管,即正向电阻为 0,反向电阻为无穷大,输入电压 u_2 为正半周时,二极管承受正向电压导通,此时负载上的电压即输出电压为 u_2;当输入电压 u_2 为负半周时,二极管承受反向电压截止,输出电压为 0,所以 u_2 的负半周电压全部加在二极管上。

由图 4-60 所示波形图可知,变压器的二次侧 u_2 是正弦交流电压,由于二极管的单向导电性,在负载 R_L 上只通过了交流电的正半周,因此称为半波整流电路。

单相半波整流电路的优点是结构简单,使用的元器件少,但存在明显的缺点:输出波形脉动大,直流成分比较低;变压器有半个周期不导电,利用率低。所以只能用在输出电流较

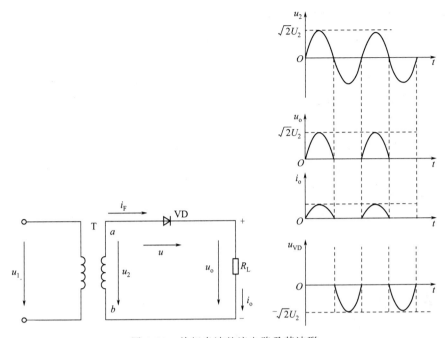

图 4-60 单相半波整流电路及其波形

小、允许脉动大、电压精度要求不高的场合。

（2）单相桥式整流电路。应用广泛的整流电路是单相桥式整流电路，其电路及其波形如图 4-61 所示。它由整流变压器、4 个整流二极管构成的整流桥及负载电阻组成。

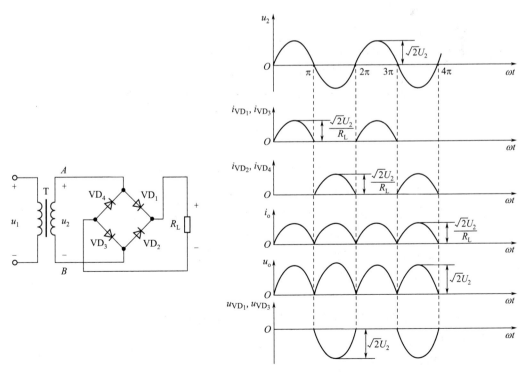

图 4-61 单相桥式整流电路及其波形

当变压器二次电压 u_2 为正半周时，二极管 VD_1 和 VD_3 导通，VD_2 和 VD_4 截止，此时电流的流通通路为 $A \to VD_1 \to R_L \to VD_3 \to B$；当变压器二次电压 u_2 为负半周时，二极管 VD_1 和 VD_3 反向截止，VD_2 和 VD_4 导通，电流的流通通路为 $B \to VD_2 \to R_L \to VD_4 \to A$。

可见在桥式整流电路中，4个二极管两两轮流导通，在交流电的整个周期中负载电阻上都有同方向电流流过，即为脉动直流电。其输入输出电压波形如图4-61所示。

2. 整流电路的主要参数

描述整流电路性能的主要参数包括整流电路输出电压的平均值 $U_{o(AV)}$、整流二极管正向平均电流 $I_{D(AV)}$ 和二极管最大反向峰值电压 U_{RM}。

(1) 整流电路输出电压的平均值 $U_{o(AV)}$。

整流电路输出电压的平均值 $U_{o(AV)}$ 是整流电路的输出电压瞬时值 u_o 在一个周期内的平均值，即

$$U_{o(AV)} = \frac{1}{2\pi}\int_0^{2\pi} u_o \, \mathrm{d}(\omega t)$$

在单相半波整流电路中

$$U_{o(AV)} = \frac{1}{2\pi}\int_0^{2\pi} \sqrt{2} U_2 \sin(\omega t) \, \mathrm{d}(\omega t) = \frac{\sqrt{2}}{\pi} U_2 = 0.45 U_2 \tag{4-43}$$

在桥式整流电路中

$$U_{o(AV)} = \frac{1}{\pi}\int_0^{2\pi} \sqrt{2} U_2 \sin(\omega t) \, \mathrm{d}(\omega t) = \frac{2\sqrt{2}}{\pi} U_2 = 0.9 U_2 \tag{4-44}$$

(2) 整流二极管正向平均电流 $I_{D(AV)}$。

在单相半波整流电路中，整流二极管正向平均电流 $I_{D(AV)}$ 就等于输出电流平均值。

在单相桥式整流电路中，二极管 VD_1、VD_2 和 VD_2、VD_4 轮流导电。由图4-61所示的波形图可以看出，每个整流二极管的平均电流等于输出电流平均值的一半，即

$$I_{D(AV)} = \frac{1}{2} I_{o(AV)} \tag{4-45}$$

当负载电流平均值已知时，可以根据 $I_{o(AV)}$ 来选定整流二极管。

(3) 二极管最大反向峰值电压 U_{RM}。

每个整流二极管的最大反向峰值电压 U_{RM} 是指整流二极管不导通时两端出现的最大反向电压。由图4-60和图4-61很容易看出，单相半波整流电路和桥式整流电路中，整流二极管承受的最大反向电压就是变压器二次电压的最大值，即

$$U_{RM} = \sqrt{2} U_2 \tag{4-46}$$

选用二极管时应选耐压值比此数值高的二极管，以免被击穿。

3. 整流电路测试

(1) 实训电路，见图4-62。

(2) 实训设备与器件（见表4-30）。

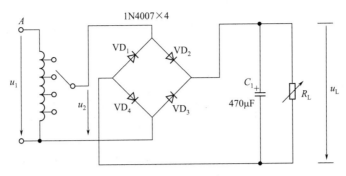

图 4-62 整流电路

表 4-30 整流电路测试所需实训设备与器件

序号	名称	型号与规格	数量	备注
1	双踪示波器		1 台	自备
2	低压交流电源		1 路	DDZ-21
3	直流电压表		1 只	实训台上
4	二极管	1N4007	4 个	DDZ-21
5	电位器	1kΩ	1 只	DDZ-12

(3) 实训内容与步骤。

a. 按图 4-62 连接好实训电路，不加滤波电容，取 $R_L=240\Omega$，将实训台上 220V 交流电源用实训连接线和 DDZ-21 上变压器的 220V 输入端相连接，低压交流电源 14V 连到实训电路的输入端。

b. 打开电源开关，用直流电压表测量 U_L，并与理论计算值相比较。

c. 用示波器分别观察 U_2 和 U_L 的波形。

(4) 实训总结。

a. 改接电路时，必须切断交流电源。

b. 总结整流电路的特点。

二、滤波电路

从前面的分析可知，整流电路的输出电压虽然是单方面的直流，但还是包括了很多脉动成分（交流分量），因此需要滤波电路把脉动的直流电变成比较平滑的直流电。常用的滤波电路有电容滤波器、电感滤波器和复式滤波电路等。

1. 滤波电路的种类

(1) 电容滤波电路。如图 4-63(a) 所示，电容滤波电路由负载电阻并联一个合适容量的电容构成。

滤波电容 C 并联在负载 R_L 上，因此电容两端的电压就是负载两端的输出电压，电容滤波电路输出波形如图 4-63(b) 所示。

在 u_2 的正半周，VD 导通，u_2 通过 VD 给电容充电。由于充电回路的充电时间常数很小，电容电压很快接近 u_2 的峰值 $\sqrt{2}U_2$。当 u_2 从峰值开始下降，其值小于 u_C 时，VD 因承受反向电压而截止，电容 C 通过负载电阻 R_L 放电；直至 $u_C<u_2$ 时 VD 再次导通，电容再

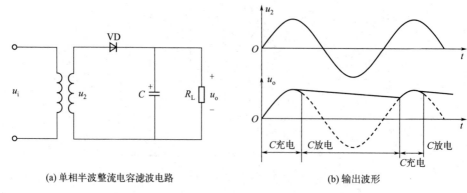

图 4-63 电容滤波电路

次被充电。如此循环往复,负载上即可得到较为平滑的直流电压,如图 4-63 所示。从图中可以看出输出电压波形与脉动直流电相比平滑了许多。

半波整流滤波电路的输出电压平均值取决于 $R_L C$ 放电时间常数和电源的频率。$R_L C$ 放电时间常数越大,电源频率越高,输出电压平均值 U_L 就越接近 u_2 的峰值 $\sqrt{2}U_2$。可见,在负载一定的情况下,应尽量选取容量较大的电解电容器,对于电容滤波电路,一般按如下范围选取:

① 单相半波整流电容滤波电路

$$R_L C > (3 \sim 5)T \tag{4-47}$$

② 单相全波(桥式)整流电容滤波电路

$$R_L C > (3 \sim 5)T/2 \tag{4-48}$$

式中,T 为电网电压的周期。

电容滤波一般适用于负载电流较小的场合。

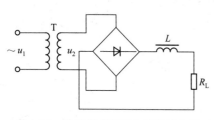

图 4-64 单相桥式整流电感滤波电路

(2) 电感滤波电路。如图 4-64 所示,在整流电路与负载之间串接一个电感线圈,就构成了电感滤波电路。

电感对于直流电流相当于短路,对于交流电流,则呈现出一定的感抗 X_L,使流过负载的电流中交流成分减小。由于 $X_L = 2\pi f L$,所以电感越大,滤波效果越好。

电感滤波电路对整流二极管没有电流冲击,带负载能力强。单电感量较大的线圈体积大、笨重、直流电阻大,本身会引起直流电压损失,使得输出电压降低。电感滤波一般适用于直流电压不高、输出电流较大及负载变化较大的场合。

(3) 复式滤波电路。在电子电路对直流电源电压平滑度要求较高的情况下,仅用前面介绍的两种滤波电路是不能满足要求的,往往要采用几种无源元件组成复式滤波电路。复式滤波电路如图 4-65 所示,主要有 Γ 形 LC 滤波电路、Π 形 LC 滤波电路和 Π 形 RC 滤波电路三种形式。

从图 4-65 中可以看出,组成复式滤波电路的原则是:把阻抗大的元件(如电感电阻)与负载串联,以便降落较大的交流分量电压,而把阻抗小的元件(如电容)与负载并联,以

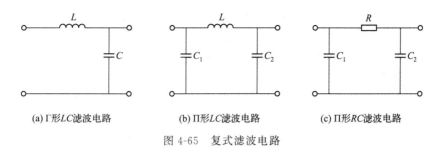

(a) Γ形LC滤波电路　　(b) Π形LC滤波电路　　(c) Π形RC滤波电路

图 4-65　复式滤波电路

便旁路较大的交流分量电流。

2. 测试整流滤波电路

（1）测试电路，见图 4-66。

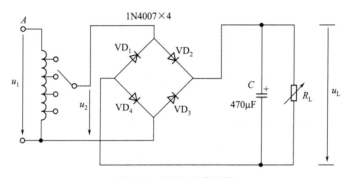

图 4-66　整流滤波电路

（2）测试所需设备与器件（见表 4-31）。

表 4-31　测试整流滤波电路所需设备与器件表

序号	名称	型号与规格	数量	备注
1	双踪示波器		1 台	自备
2	低压交流电源		1 路	DDZ-21
3	直流电压表		1 只	实训台上
4	电解电容	470μF	1 只	DDZ-21
5	二极管	1N4007	4 个	DDZ-21
6	电位器	1kΩ	1 只	DDZ-12

（3）测试内容与步骤。

① 按图 4-66 连接好实训电路，取 $R_L=240\Omega$、$C=470\mu F$，将实训台上低压交流电源 14V 连到实训电路的输入端。

② 打开电源开关，用直流电压表测量 U_L，并与理论计算值相比较。

③ 用示波器分别观察 U_2 和 U_L 的波形。

（4）总结与思考。总结整流滤波电路的特点。

三、分析及测试常见的稳压电路

经过整流滤波之后的直流电，虽然交流成分已比较小，但输出的直流电压并不稳定。交流电网电压的波动、负载的变化等因素都会使输出的电压发生变化,所以在滤波电路和负载之间还需要接稳压电路,以达到稳定输出电压的目的。

常见的稳压电路有稳压管稳压电路和晶体管串联型稳压电路。

1. 稳压管稳压电路

(1) 稳压过程分析。稳压管稳压电路如图 4-67 所示。稳压管与负载并联,并有限流电阻 R 配合才能起到稳压作用。

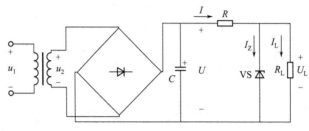

图 4-67 稳压管稳压电路

当负载不变,交流电网电压上升时,整流滤波电路的输出电压 U_I 增加,输出电压(也就是稳压管两端的电压)U_o 增加。由稳压管的伏安特性可知,稳压管的电流 I_Z 会显著增加,流过电阻 R 的电流 I 增加,使电阻 R 上的电压降增加,抵偿 U_I 的增加,从而使负载电压 U_o 近似保持不变。稳压过程可表示如下:

$$u_2 \uparrow \rightarrow U_I \uparrow \rightarrow U_o \uparrow \rightarrow I_Z \uparrow \rightarrow I \uparrow \rightarrow U_R \uparrow \rightarrow U_o \downarrow$$

同理,如果电网电压降低,输出电压也降低,因此稳压管的电流 I_Z 显著减小,R 上的电压降 U_R 也减小,使输出电压近似不变。

当电网电压未波动,而负载电流增大时,电阻 R 上电压降增大,输出电压就会下降,只要稍有下降,稳压管的电流 I_Z 就显著减小,电阻 R 上的电压降就减小,使输出电压近似不变。稳压过程可表示如下:

$$I_o \uparrow \rightarrow I \uparrow \rightarrow U_R \uparrow \rightarrow U_o \downarrow \rightarrow I_Z \downarrow \rightarrow I \downarrow \rightarrow U_R \downarrow \rightarrow U_o \uparrow$$

当负载电流减小时,稳压过程与上面相反。可见,无论是电网波动还是负载变动,通过稳压管的电流调节作用和电阻 R 上的电压调节作用互相配合,负载两端电压都能基本上维持稳定。

值得注意的是,电阻 R 除了起电压调整作用外,还起限流作用。这是因为如果稳压管不经过 R 而直接并接在滤波电路的输出端,不仅没有起到稳压作用,还可能使稳压管中流过很大的反相电流 I_Z 损坏稳压管,故 R 称为限流电阻。当电网电压波动和负载电流变化时,限流电阻 R 应使稳压管工作在它的稳压工作区内。其阻值和额定功率一般按下式选择

$$\frac{U_{I\max}-U_o}{I_{Z\max}+I_{o\min}}<R<\frac{U_{I\min}-U_o}{I_{Z\min}+I_{o\max}} \tag{4-49}$$

$$P=(2\sim3)\frac{(U_{I\max}-U_o)^2}{R} \tag{4-50}$$

式(4-49)和式(4-50)中,$U_{I\max}$、$U_{I\min}$ 分别为整流滤波后的电压最高值、最小值,$I_{o\max}$、$I_{o\min}$ 分别为负载电流最大值、最小值;$I_{Z\max}$、$I_{Z\min}$ 分别为允许流过稳压管的电流最大值、最小值。

稳压管的选择可遵循

$$U_Z = U_o$$
$$I_{Zmax} = (1.5 \sim 3) I_{omax} \tag{4-51}$$

稳压管稳压电路结构简单，适用于输出电压不需要调节、负载电流小、稳压精度要求不高的场合。

（2）电路测试。

① 实训电路，见图 4-68。

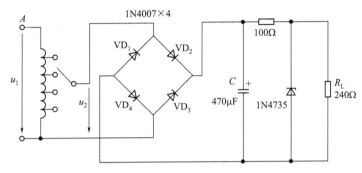

图 4-68 稳压管稳压电路

② 实训设备与器件（见表 4-32）。

表 4-32 稳压管稳压电路测试所需实训设备与器件表

序号	名称	型号与规格	数量	备注
1	双踪示波器		1 台	自备
2	低压交流电源		1 路	DDZ-21
3	直流电压表		1 只	实训台
4	电解电容	470μF	1 只	DDZ-21
5	稳压二极管	1N4735	1 个	DDZ-21
6	二极管	1N4007	4 个	DDZ-21
7	电阻	100Ω、120Ω、240Ω	各 1 只	DDZ-21
8	电位器	1kΩ	1 只	DDZ-12

③ 实训内容与步骤。

a. 按图 4-68 连接好实训电路，取 $R_L = 240\Omega$、$C = 470\mu F$，将实训台上低压交流电源 10V 连到实训电路的输入端。

b. 打开电源开关，用直流电压表测量稳压二极管两端的电压。

c. 将 240Ω 电阻换成 120Ω 电阻＋1kΩ 电位器时，改变电位器的阻值，再测量稳压管两端电压，看稳压二极管两端电压变化情况，根据稳压二极管的工作原理说明上述现象。

④ 实训总结。

a. 改接电路时，必须切断交流电源。

b. 总结稳压管稳压电路的特性。

2. 晶体管串联型稳压电路

稳压管稳压电路虽然具有电路简单、稳压效果好等优点，但允许负载电流变化的范围小，输出直流电压不可调，一般用作基准电压。为了克服稳压管稳压电路的这些缺陷，多采用晶体管串联型稳压电路，这也是集成稳压器的基础。

（1）稳压过程。如图 4-69 所示，晶体管串联型稳压电路由取样电路、比较放大电路、基准电压电路和调整管四部分组成。取样电路由 R_1、R_2 和 R_P 组成，用于将输出电压及其变化量取出来并加到比较放大电路的输入端。R_3 与 VS 组成基准电路，为 VT_2 发射极提供基准电压。比较放大管 VT_2 的作用是将输出电压的变化量，放大后加到调整管的基极，控制调整管工作。晶体管 VT_1 与负载串联，因此称为晶体管串联型稳压电路。

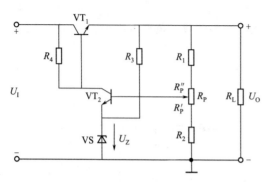

图 4-69　晶体管串联型稳压电路

当电网电压升高或负载电阻减小时，输出电压将升高，取样电路的分压点 U_{B2} 升高，因 U_Z 不变，所以 U_{BE2} 增大，I_{C2} 随之增大，V_{C2} 降低，则调整管 U_{B1} 也降低，发射结正偏电压 U_{BE1} 下降，I_{B1} 减小，I_{C1} 随着减小，U_{CE1} 增大，输出电压 U_O 下降，使输出电压保持稳定。上述稳压过程可表示为

$$U_I \uparrow (R_L \downarrow) \to U_O \uparrow \to U_{B2} \uparrow \to U_{BE2} \uparrow \to I_{B2} \uparrow \to I_{C2} \uparrow \to U_{B1} \downarrow \to U_{BE1} \downarrow \to I_{B1} \downarrow \to I_{C1} \uparrow \to U_{CE1} \downarrow \to U_O \downarrow$$

当电网电压减小或负载增加时，稳压过程相反。

（2）电路测试。

① 实训电路，见图 4-70。

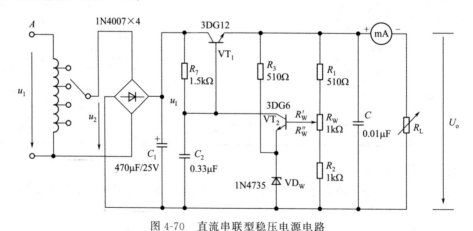

图 4-70　直流串联型稳压电源电路

② 实训设备与器件（见表 4-33）。

表 4-33　晶体管串联型稳压电路测试所需实训设备与器件表

序号	名称	型号与规格	数量	备注
1	双踪示波器		1 台	自备
2	低压交流电源		1 路	DDZ-21
3	直流电压表		1 只	实训台

续表

序号	名称	型号与规格	数量	备注
4	电解电容	470μF	1只	DDZ-21
5	CBB电容	0.01μF、0.33μF	各1只	DDZ-21
6	稳压二极管	1N4735	1个	DDZ-21
7	二极管	1N4007	4个	DDZ-21
8	三极管	3DG6、3DG12	各1个	DDZ-21
9	电阻	1kΩ、1.5kΩ	各1个	DDZ-21
10	电阻	510Ω	2个	
11	电位器	1kΩ	1只	DDZ-12

③ 实训内容与步骤。

a. 按图 4-70 连接好串联型稳压电源实训电路，经确认检查无误后，将实训台上 AC 220V 交流电源用实训连接线和 DDZ-21 上变压器的 220V 输入端相连接，将 DDZ-21 上低压交流电源 14V 连到实训电路的输入端。

b. 打开电源开关，用直流电压表测量稳压电源的输出，同时调整 1kΩ 电位器，看稳压电源的输出电压是否线性变化，若无变化或无输出，请自己排除故障，直至电压正常。

c. 叙述稳压电源的工作过程（当输出电压下降或上升时，稳压电源是如何控制电压的变化的）。

④ 实训总结。

a. 改接电路时，必须切断交流电源。

b. 总结串联型稳压电源的特点。

四、测试及应用集成稳压器

集成稳压器就是把电压调整器、电压比较放大器、基准电压等做到一块硅晶片上，由于其具有稳压精度高、工作稳定可靠、外围电路简单、体积小、重量轻等显著优点，在各种电源电路中得到了普遍的应用。

集成稳压器的种类很多，按输出电压分有电压固定式稳压器和电压可调式稳压器两类，其中以三端集成稳压器应用最为广泛。

1. 三端固定式集成稳压器

国产的三端固定式集成稳压器有 CV78×× 系列（正电压输出）和 CW79×× 系列（负电压输出），其输出电压有 ±5V、±6V、±8V、±9V、±12V、±15V、±18V、±24V，最大输出电流有 0.1A、0.5A、1A、1.5A、2.0A 等。

三端固定式集成稳压器的外形和符号如图 4-71 所示。由于它只有输入端、输出端和公共端（接地）三个引脚，故称为三端稳压器。W78×× 系列的引脚功能是：1脚为输入端，2脚为输出端，3脚为公共端。

（1）应用电路。在实际应用中，可根据所需输出电压、电流，选用符合要求的 W78××、W79×× 系列产品。

三端固定式集成稳压器的基本应用电路如图 4-72 所示。

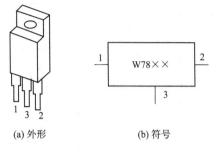 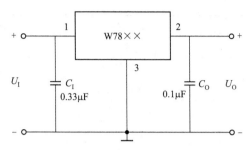

图 4-71 三端固定式集成稳压器的外形和符号　　图 4-72 三端固定式集成稳压器的基本应用电路

图 4-72 中 C_I 用以抑制过电压，抵消因输入线过长产生的电感效应并消除自激振荡；C_O 用以改善负载的瞬态响应，即瞬时增减负载电流时不致引起输出电压有较大的波动。C_I、C_O 一般选电容为 $0.1\mu F$ 至几微法。

当需要输出较大的电压时，可采用图 4-73 所示的提高输出电压电路。输出电压为

$$U_O = U_{\times\times} + R_2 I_{R2} = U_{\times\times} + R_2(I_{R1} + I_Q)$$
$$= \left(1 + \frac{R_2}{R_1}\right)U_{\times\times} + I_Q R_2 \tag{4-52}$$

式中，$U_{\times\times}$ 为三端稳压器 $W78\times\times$ 的标称输出电压 R_1 上电压；I_Q 是三端稳压器的静态电流，一般很小，可忽略不计，因此输出电压为

$$U_O \approx U_{\times\times}\left(1 + \frac{R_2}{R_1}\right) \tag{4-53}$$

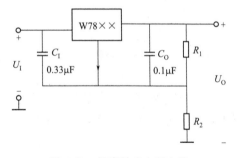 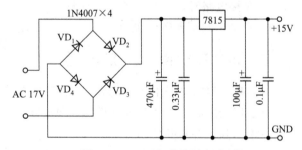

图 4-73 提高输出电压电路　　图 4-74 7815 集成稳压电路

（2）电路测试。

① 实训电路，见图 4-74。

② 实训设备与器件（见表 4-34）。

表 4-34 三端固定式集成稳压器所需的实训设备与器件表

序号	名称	型号与规格	数量	备注
1	直流电压表		1 只	实训台
2	低压交流电源		1 路	DDZ-21
3	集成稳压块	7815	1 只	DDZ-21
4	电解电容	$470\mu F$、$100\mu F$	各 1 只	DDZ-21
5	CBB 电容	$0.1\mu F$、$0.33\mu F$	各 1 只	DDZ-21
6	二极管	1N4007	4 个	DDZ-21

③ 实训内容与步骤。

a. 按图 4-74 连接好实训电路，将实训台上低压交流电源 17V 连到实训电路的输入端。
b. 打开电源开关，用直流电压表测量 7815 的输出端电压。
c. 改变低压交流电源为 10V 或 14V，再用直流电压表测量 7815 的输出端的电压。

④ 实训总结。总结集成稳压电源稳压的条件。

2. 三端可调式集成稳压器

三端可调式集成稳压器按输出电压分为正电压输出 CW317（CW117、CW217）和负电压输出 CW337（CW137、CW237）两大类。按输出电流大小每个系列又分为 L 型、M 型等。

（1）应用电路。三端可调式集成稳压器 W317 和 W337 是一种悬浮式串联调整稳压器，它们的应用电路基本相同。

图 4-75 所示为典型的 W317 应用稳压电路。为了使电路正常工作，一般输出电流不小于 5mA，输入电压范围为 2～40V，输出电压可在 1.25～37V 之间调整，负载电流可达 1.5A，由于调整端的输出电流非常小（50μA）且恒定，故可将其忽略，则输出电压为

$$U_O \approx \left(1 + \frac{R_P}{R_1}\right) \times 1.25\text{V} \tag{4-54}$$

式中，1.25V 是三端集成稳压器输出端与调整端之间的固定参考电压；调节 R_P 可改变输出电压的大小。R_1 一般取值 120～240Ω，二极管 VD_1、VD_2 起保护作用。

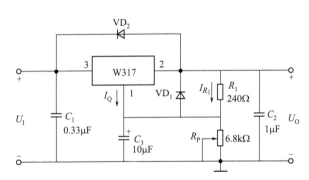

图 4-75 典型的 W317 应用稳压电路

（2）电路测试。

① 实训电路，见图 4-76。

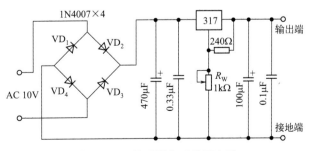

图 4-76 三端可调集成稳压电路

② 实训设备与器件（见表 4-35）。

表 4-35 三端可调式集成稳压器测试所需设备与器件表

序号	名称	型号与规格	数量	备注
1	直流电压表		1 只	实训台
2	低压交流电源		1 路	DDZ-21
3	集成稳压块	317	1 只	DDZ-21
4	电解电容	470μF、100μF	各 1 只	DDZ-21
5	CBB 电容	0.1μF、0.33μF	各 1 只	DDZ-21
6	二极管	1N4007	4 个	DDZ-21
7	电阻	240Ω	1 个	DDZ-21
8	电位器	1kΩ	1 个	DDZ-12

③ 实训内容与步骤。

a. 按图 4-76 连接好实训电路,再将实训台上低压交流电源 10V 连到实训电路的输入端。

b. 打开电源开关,将 1kΩ 电位器调到最小,用直流电压表测量 317 输出电压。

c. 再逐渐调节 1kΩ 电位器,观察 317 的输出电压如何变化。

④ 实训总结。总结三端集成稳压器各个引脚的特点及不同点。

项目五 数字电路

应知

（1）了解数字系统运算的数制与码制；
（2）掌握逻辑门电路的逻辑符号、逻辑功能和表示法；
（3）掌握逻辑代数的基本逻辑运算和基本定律；
（4）掌握集成门电路的逻辑功能及其使用方法；
（5）熟悉组合逻辑电路的分析和设计方法；
（6）认识几种常见的触发器；
（7）掌握计数器、寄存器的工作原理及设计方法；
（8）认识555定时器；
（9）熟悉555定时器的应用。

应会

（1）会分析逻辑电路的逻辑功能；
（2）会进行逻辑运算；
（3）会使用集成门电路；
（4）会分析组合逻辑电路；
（5）会使用组合逻辑电路进行应用设计；
（6）会检测几种常见的触发器的性能；
（7）会使用时序逻辑电路进行应用设计；
（8）会用555定时器设计单稳态触发器、施密特触发器和多谐振荡器，并能对它们进行性能测试。

项目导言

数字电子技术是通信、信息、电子类专业的一门重要的专业基础课程，具有很强的基础性、广泛性和实用性。化工行业的许多机电设备和控制设备都是由数字电路组成的。尤其是进入信息化时代后，"数字化"已经深深融入社会生产生活的各个方面，数字电子技术的应用正在持续不断地向更广更深的行业、领域扩展。因此，掌握数字电子技术基础知识，对于正确使用机电和控制设备非常必要。本项目将介绍数字电子技术的相关知识，包括逻辑门电路、组合逻辑电路、时序逻辑电路、定时器等内容。

任务一
认知逻辑门电路

> **任务描述**
>
> 数字电路又称为逻辑电路，是能够实现逻辑关系运算的电路。能够实现各种基本逻辑关系的电路称为门电路，它是构成数字电路的基本逻辑单元。门电路又称"数字逻辑电路基本单元"，是执行"或""与""非""或非""与非"等逻辑运算的电路。任何复杂的逻辑电路都可由这些逻辑门组成。我们将通过学习数制和码制、数字电路、逻辑函数和集成门电路，学会分析逻辑电路的逻辑功能，会进行逻辑运算和使用集成门电路。

一、数制和码制

1. 数制

数制是一种计数的方法，它是计数进位制的简称。数字电路中，采用的计数进制有十进制、二进制和十六进制。

（1）十进制。十进制是以 10 为基数的计数体制。每一个数都由若干位数码组成，数码有 10 个，即 0、1、2、3、4、5、6、7、8、9。计数规律为低位向高位逢 10 进 1。各数码在不同位的权不一样，所表示的值也不同。例如 333，三个数码虽然都是 3，但百位的 3 表示 300，即 3×10^2，十位的 3 表示 30，即 3×10^1，个位的 3 表示 3，即 3×10^0，其中 10^2、10^1、10^0 称为十进制数各位的权。数码与权的乘积，称为加权系数，如上述的 3×10^2、3×10^1、3×10^0。因此，十进制数的数值为各位加权系数之和。

（2）二进制。二进制是以 2 为基数的计数体制。每一个数由若干位数码组成，数码只有 0 和 1 两个。计数规律为低位向高位逢 2 进 1。各位的权是 2 的幂，各数码在不同位的权不一样，所表示的值也不同。如二进制数 11011 可表示为

$$(11011)_2 = 1 \times 2^4 + 1 \times 2^3 + 0 \times 2^2 + 1 \times 2^1 + 1 \times 2^0$$

$$=16+8+0+2+1=(27)_{10}$$

其中，由低位向高位的权分别为 2^0、2^1、2^2、2^3、2^4。二进制数的各位加权系数的和就是其对应的十进制数。

（3）十六进制。十六进制是以 16 为基数的计数体制。每个数由若干位数码组成，数码有 16 个，即 0、1、2、3、4、5、6、7、8、9、A(10)、B(11)、C(12)、D(13)、E(14)、F(15)。计数规律为低位向高位逢 16 进 1。各位的权是 16 的幂，各数码在不同位的权不一样，所表示的值也不同。如十六进制数 $(3BE)_{16}$ 可表示为

$$(3BE)_{16}=3\times 16^2+11\times 16^1+14\times 16^0$$
$$=768+176+14=(958)_{10}$$

由低位向高位的权分别为 16^0、16^1、16^2。十六进制数的各位加权系数的和就是其对应的十进制数。

表 5-1 列出了不同数制的对照关系。

表 5-1 二进制、十进制、十六进制对照表

十进制	二进制	十六进制	十进制	二进制	十六进制
0	0000	0	8	1000	8
1	0001	1	9	1001	9
2	0010	2	10	1010	A
3	0011	3	11	1011	B
4	0100	4	12	1100	C
5	0101	5	13	1101	D
6	0110	6	14	1110	E
7	0111	7	15	1111	F

2．码制

由于数字系统是以二进制数字逻辑为基础的，因此数字系统中的信息（包括数值、文字、控制命令等）都是用定位数的二进制码表示的，这个二进制码被称为代码。

二进制编码方式有多种，二-十进制码（又称 BCD 码）是其中最常用的码。BCD 码是指用二进制代码来表示十进制的 0~9 十个数。要用二进制代码来表示十进制的十个数，至少要用 4 位二进制数。4 位二进制数有 16 种组合，可从这 16 种组合中选择 10 种组合分别来表示十进制的 0~9 十个数。选哪 10 种组合，有多种方案，这就形成了不同的 BCD 码。表 5-2 中列出了几种常用的 BCD 码。

表 5-2 常用 BCD 码表

十进制数	有权码			无权码
	8421 BCD 码	5421 BCD 码	2421 BCD 码	余 3 BCD 码
0	0000	0000	0000	0011
1	0001	0001	0001	0100
2	0010	0010	0010	0101
3	0011	0011	0011	0110

续表

十进制数	有权码			无权码
	8421 BCD 码	5421 BCD 码	2421 BCD 码	余 3 BCD 码
4	0100	0100	0100	0111
5	0101	1000	1011	1000
6	0110	1001	1100	1001
7	0111	1010	1101	1010
8	1000	1011	1110	1011
9	1001	1100	1111	1100

(1) 8421 BCD 码。8421 BCD 码是一种应用十分广泛的代码，这种代码每位的权值是固定不变的，为恒权码。它取了 4 位二进制数的前十种组合 0000~1001 表示一位十进制数 0~9。4 位二进制数从高位到低位的权值分别为 8、4、2、1。8421 BCD 码每组二进制代码各位加权系数的和便为它所代表的十进制数。如 8421 BCD 码 0101 按权展开式为 $0\times8+1\times4+0\times2+1\times1=5$，所以，8421 BCD 码 0101 表示十进制数 5。

(2) 2421 BCD 码和 5421 BCD 码。它们也是恒权码。4 位二进制数从高位到低位的权值分别是 2、4、2、1 和 5、4、2、1，每组代码各位加权系数的和为其表示的十进制数，如 2421 BCD 码 1110 按权展开式为 $1\times2+1\times4+1\times2+0\times1=8$，所以，2421 BCD 码 1110 表示十进制数 8。

对于 5421 BCD 码，如代码为 1011 时，按权展开式为 $1\times5+0\times4+1\times2+1\times1=8$，所以，5421 BCD 码 1011 表示十进制数 8。

(3) 余 3 BCD 码。这种代码没有固定的权值，称为无权码，它是由 8421 BCD 码加 3 (0011) 形成的，所以称为余 3 BCD 码。如 8421 BCD 码 0111 (7) 加 0011 (3) 后，在余 3 BCD 码中为 1010，其表示十进制数 7。

二、数字电路的分类及特点

数字电路的基本单元是逻辑门电路，分析工具是逻辑代数，在功能上着重强调电路输入与输出间的因果关系。数字电路不仅能完成数值运算，而且能进行逻辑判断和运算。

1. 数字信号

电子技术中的信号可分为模拟信号和数字信号。模拟信号是指随时间连续变化的信号，如图 5-1(a) 所示。处理模拟信号的电路称为模拟电路。数字信号是指在时间上和数量上都离散的、不连续变化的信号，其典型的波形为矩形波，如图 5-1(b) 所示。它能用数字 0 和 1 来表示，举例如图 5-2 所示。通常规定：0 表示矩形波的低电平 U_L；1 表示高电平 U_H。处理数字信号的电路称为数字电路。

2. 数字电路的分类

数字电路按其组成的结构可分为分立元件电路和集成电路。分立元件电路是将二极管、晶体管（称为电子器件）和电阻等（称为电子元件）用导线连接起来的电路；集成电路是将元器件及导线采用半导体工艺集成制作在一小块硅片上并封装于一个壳体内的电路。

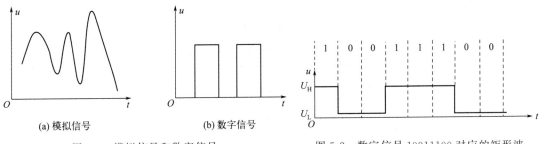

图 5-1 模拟信号和数字信号　　　　图 5-2 数字信号 10011100 对应的矩形波

数字电路按其有无记忆功能可分为组合逻辑电路和时序逻辑电路两大类。组合逻辑电路由最基本的逻辑门电路组合而成，任何时刻的输出状态仅取决于该电路当时输入各变量的状态组合，而与电路过去的输入、输出状态无关，没有记忆能力。时序逻辑电路是由最基本的逻辑门电路加上反馈逻辑回路（输出到输入）或器件组合而成的，任何时刻的输出状态不仅取决于该电路当时的输入状态，还与电路前一时刻的输出状态有关，即它们具有记忆功能。

3. 数字电路的特点

数字电路重点考虑输出信号与输入信号状态（高、低电平，亦 1、0）之间的对应关系，这种关系称为逻辑关系。分析数字电路使用的方法是逻辑分析法，所以有时又将数字电路称为逻辑电路，电路功能又称为逻辑功能。

数字电路与模拟电路相比，除了处理的信号不同以外，还有以下特点：

（1）数字电路在不大的干扰信号作用时只影响其矩形波的脉冲幅度而不会影响波形电压的有、无，所以抗干扰能力较强，可靠性高。

（2）数字电路中的晶体管一般只在饱和状态与截止状态工作，所以功耗低，电路易于集成。

（3）数字电路不仅能完成数值运算，而且能进行逻辑运算和判断，这在控制系统中往往是不可缺少的。

三、逻辑函数

数字电路实现的是逻辑关系。逻辑关系是指某事物的条件（或原因）与结果之间的关系。逻辑关系常用逻辑函数来描述。

1. 三种基本逻辑函数

逻辑代数中只有三种基本逻辑函数：与、或、非。

（1）与逻辑。只有当决定一件事情的条件全部具备之后，这件事情才会发生，这种因果关系称为与逻辑。如图 5-3 所示，用两个开关 A、B 串联控制照明灯 Y 的亮暗。只有当 A、B 都闭合时，照明灯才会亮，若有一个开关不闭合，照明灯就不会亮。这种关系即符合与逻辑关系。

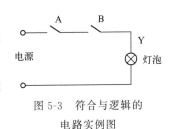

图 5-3 符合与逻辑的电路实例图

把输入、输出变量所有相互对应的值列在一个表格内，这种表格称为逻辑函数真值表，简称真值表。这里定义"1"表示开关闭合，灯亮，"0"表示开关断开，灯不亮，则得到所示的与逻辑真值表（见表 5-3）。与运算的规则为"有 0 出 0，

全 1 出 1"，其逻辑表达式为

$$Y = A \cdot B \text{ 或 } Y = AB \tag{5-1}$$

表 5-3　与逻辑真值表

A	B	Y	A	B	Y
0	0	0	1	0	0
0	1	0	1	1	1

能实现与逻辑功能的电路称为与门电路，图 5-4 所示为与门电路的逻辑符号。

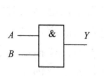

图 5-4　与门电路的逻辑符号

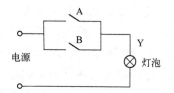

图 5-5　符合或逻辑的电路实例图

（2）或逻辑。当决定一件事情的几个条件中，只要有一个或一个以上条件具备，这件事情就会发生，这种关系称为或逻辑。如图 5-5 所示电路，用两个开关 A、B 并联控制照明灯 Y 的亮暗，只要其中任一开关闭合，照明灯就会亮，若两个开关都不闭合，照明灯就不会亮，这种关系即符合或逻辑关系。

或逻辑的真值表见表 5-4。由表 5-4 可见，或门电路的逻辑功能为"有 1 出 1，全 0 出 0"，其逻辑表达式为

$$Y = A + B \tag{5-2}$$

表 5-4　或门电路的真值表

A	B	Y	A	B	Y
0	0	0	1	0	1
0	1	1	1	1	1

能实现或逻辑功能的电路称为或门电路，图 5-6 所示为或门电路的逻辑符号。

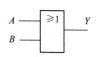

图 5-6　或门电路的逻辑符号

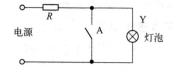

图 5-7　符合非逻辑的电路实例

（3）非逻辑。当决定某一事件的条件不成立时，结果就会发生，条件成立时结果反而不会发生，这种条件和结果之间的关系称为非逻辑关系。

如图 5-7 所示电路，将开关 A 和照明灯 Y 并联，A 断开照明灯亮，而 A 闭合时照明灯反而不亮。照明灯的亮暗与开关的状态符合非逻辑关系。

非门电路的真值表见表 5-5。由表 5-5 可知，非门电路的逻辑功能为"入 0 出 1，入 1 出 0"，其逻辑表达式为

$$Y = \overline{A} \tag{5-3}$$

表 5-5　非门电路的真值表

A	Y	A	Y
0	1	1	0

能实现非逻辑功能的电路称为非门电路，非门电路又称为反相器。图 5-8 所示为非门电路的逻辑符号。

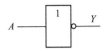

图 5-8　非门电路的逻辑符号

2. 复合逻辑函数

任何复杂的逻辑运算都可以由三种基本逻辑函数组合而成。在实际应用中为了减少逻辑门的数目，使数字电路的设计更方便，还常常使用其他几种常用逻辑函数。

（1）与非、或非逻辑函数。如输入逻辑变量为 A、B，输出逻辑函数为 Y，与非、或非相应的逻辑表达式为

$$Y = \overline{AB} \quad 与非逻辑函数 \tag{5-4}$$
$$Y = \overline{A+B} \quad 或非逻辑函数 \tag{5-5}$$

与非、或非逻辑真值表分别见表 5-6、表 5-7。

表 5-6　与非门电路的真值表

A	B	Y	A	B	Y
0	0	1	1	0	1
0	1	1	1	1	0

由表 5-6 可见，与非门电路的逻辑功能为"全 1 出 0，有 0 出 1"。

表 5-7　或非门电路的真值表

A	B	Y	A	B	Y
0	0	1	1	0	0
0	1	0	1	1	0

由表 5-7 可见，或非门电路的逻辑功能为"全 0 出 1，有 1 出 0"。

实现这些逻辑运算的电路分别为与非门、或非门，它们的逻辑关系图及逻辑符号如图 5-9 所示。

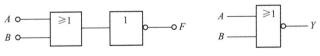

(a) 先或后非门逻辑图和或非门逻辑符号

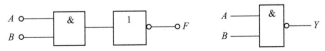

(b) 与非门的逻辑结构图和与非门的逻辑符号

图 5-9　复合逻辑函数符号

(2) 异或、同或逻辑函数。异或和同或逻辑函数都是二变量逻辑运算。异或的逻辑关系为"相异出1，相同出0"，即当输入 A、B 相异时，输出 Y 为1；当输入 A、B 相同时，输出 Y 为0。异或逻辑的真值表见表5-8，其逻辑表达式为

$$Y = A\overline{B} + \overline{A}B = A \oplus B \tag{5-6}$$

式中，"$\oplus$"号表示异或运算。

表 5-8　异或门电路的真值表

A	B	Y	A	B	Y
0	0	0	1	0	1
0	1	1	1	1	0

同或的逻辑关系为"相同出1，相异出0"，即当输入 A、B 相同时，输出 Y 为1；当输入 A、B 相异时，输出 Y 为0。同或逻辑的真值表见表5-9，其逻辑表达式为

$$Y = \overline{A}\ \overline{B} + AB = A \odot B \tag{5-7}$$

式中，"$\odot$"号表示同或运算。

表 5-9　同或门电路的真值表

A	B	Y	A	B	Y
0	0	1	1	0	0
0	1	0	1	1	1

比较异或或同或的真值表可知，异或函数与同或函数在逻辑上互为反函数，即

$$A \oplus B = \overline{A \odot B} \tag{5-8}$$

$$A \odot B = \overline{A \oplus B} \tag{5-9}$$

实现异或运算、同或运算的电路称为异或门、同或门，它们的逻辑符号如图5-10所示。

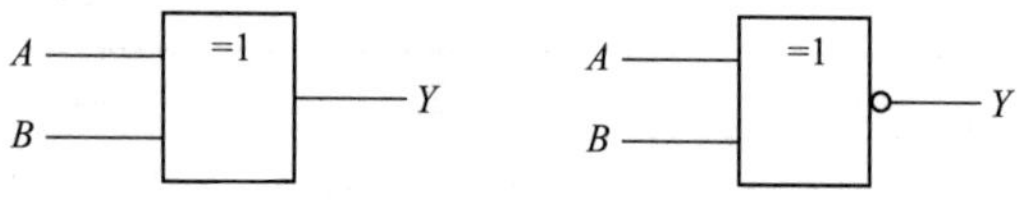

图 5-10　异或门、同或门的逻辑符号

(a) 异或门　　(b) 同或门

3. 逻辑代数的基本定律

(1) 变量和常量关系的定律。

0、1律：$A+0=A$，$A \cdot 0 = 0$，$A+1=1$，$A \cdot 1 = A$。

互补律：$A + \overline{A} = 1$，$A \cdot \overline{A} = 0$。

(2) 与普通代数相似的定律。

交换律：$A+B=B+A$，$AB=BA$。

结合律：$A+(B+C)=(A+B)+C$，$A(BC)=(AB)C$。

分配律：$A+BC=(A+B)(A+C)$，$A(B+C)=AB+AC$。

(3) 逻辑代数的特殊规律。

重叠律：$A+A=A$，$AA=A$。

反演律（也叫摩根定律）：$\overline{A+B} = \overline{A}\ \overline{B}$，$\overline{AB} = \overline{A} + \overline{B}$。

4. 逻辑函数的化简

在实际工作中，逻辑函数可以用逻辑门电路实现。一般来说，逻辑函数的表达式越简单

越好,这样不仅所需的元件少,而且可以提高运行的可靠性。因此,需要将逻辑函数化简。化简的方法有公式法(或称代数法)或卡诺图法,这里只介绍公式法。常用的公式法有并项法、吸收法、消去法、消项法和配项法。最简表达式的标准是所含的项数最少,且每项中所含的变量最少。常用的最简表达式是与或表达式,例如 $L=AB+BC$。

(1) 公式法化简的常用公式。

① 并项公式:$AB+A\bar{B}=A$。

② 吸收公式:$A+AB=A$。

③ 消去公式:$A+\bar{A}B=A+B$。

④ 多余项公式:$AB+\bar{A}C+BC=AB+\bar{A}C$。

(2) 公式法化简的常用方法。

① 并项法:利用并项公式 $AB+A\bar{B}=A$,可将两项并成一项,且消去一个变量。

② 吸收法:利用吸收公式 $A+AB=A$ 吸收掉 AB 项。

③ 消去法:利用公式 $A+\bar{A}B=A+B$ 消去了 $\bar{A}B$ 中的 $\bar{A}$。

④ 消项法:利用公式 $AB+\bar{A}C+BC=AB+\bar{A}C$,取消多余项 BC。

⑤ 配项法:利用公式 $A+\bar{A}=1$ 给有的项配项,再进一步化简逻辑函数。

(3) 最小项。在含有 n 个变量的逻辑函数中,若 m 为包含 n 个因子的乘积项,且这 n 个变量均以原变量或反变量的形式在 m 中出现一次,则称 m 为该组变量的最小项。例如,A、B、C 这三个逻辑变量的最小项有 $\bar{A}\bar{B}\bar{C}$、$\bar{A}\bar{B}C$、$\bar{A}B\bar{C}$、$\bar{A}BC$、$A\bar{B}\bar{C}$、$A\bar{B}C$、$AB\bar{C}$、ABC。n 变量的最小项应有 2^n 个。

为了使用方便,往往对最小项进行编号,每个最小项对应的编号为 m_i。其中,i 的确定方法为:当变量的次序确定后,用 1 代替原变量,用 0 代替反变量得到每个最小项对应的二进制数,与该二进制数所对应的十进制数即为 i。表 5-10 所示为 A、B、C 三变量最小项的编号表。

表 5-10 三变量最小项的编号表

最小项	变量取值			编号
	A	B	C	
$\bar{A}\bar{B}\bar{C}$	0	0	0	m_0
$\bar{A}\bar{B}C$	0	0	1	m_1
$\bar{A}B\bar{C}$	0	1	0	m_2
$\bar{A}BC$	0	1	1	m_3
$A\bar{B}\bar{C}$	1	0	0	m_4
$A\bar{B}C$	1	0	1	m_5
$AB\bar{C}$	1	1	0	m_6
ABC	1	1	1	m_7

由表 5-10 可以看出逻辑函数的最小项具有以下几个重要的性质。

① 对于任意一个最小项,只有一组变量取值使它的值为 1,而其余各种变量取值均使它的值为 0。

② 全体最小项的和为 1。

③ 任意两个最小项的乘积为 0。

将逻辑函数化为最小项之和的标准形式的方法为：首先将给定的逻辑函数转化为若干乘积项之和的形式，然后再利用基本公式 $A+\overline{A}=1$ 将每个乘积项中缺少的因子补全即可。

四、集成门电路

集成逻辑门是数字电路的基本单元。目前，使用较多的集成逻辑门电路有以下两大类。其中一类是输入、输出均由晶体管构成，称为晶体管-晶体管逻辑电路，简称 TTL 电路。国产的 TTL 电路有 54/74、54/74H、54/74S、54/74LS、54/74AS、54/74ALS 等六大系列。此种电路的显著特点是工作速度高、带负载能力强。另一类是由场效应晶体管构成的集成逻辑门电路，简称 MOS 电路。MOS 电路有三种形式，即 PMOS 电路、NMOS 电路和 CMOS 电路。MOS 电路的优点是功耗低、电源电压范围宽、输入阻抗高、抗干扰能力强、制造工艺简单、体积小、集成度高。在 CMOS 集成电路系列中，比较典型的产品有 4000 系列和 4500 系列。就逻辑功能而言，MOS 电路与 TTL 门电路并无区别，符号也相同，下面以 TTL 电路为例介绍。

1. TTL 与非门电路结构及工作原理

TTL 与非门电路图如图 5-11 所示。

(1) 电路结构。TTL 与非门电路由输入级、中间级和输出级组成。输入级由多发射极管 VT_1 和电阻 R_1 组成。其作用是对输入变量 A、B、C 实现逻辑与，所以它相当于一个与门。VT_1 的发射极为"与"门的输入端，集电极为"与"门的输出端。中间级由 VT_2、R_2 和 R_3 组成，VT_2 的集电极和发射极输出两个相位相反的信号，作为 VT_3 和 VT_5 的驱动信号。输出级中 VT_3、VT_4 复合管电路构成达林顿电路，这种电路形式称为推拉式电路，与电阻 R_5 作为 VT_5 的负载，不仅可降低电路的输出电阻，提高其负载能力，还可改善门电路输出波形，提高工作速度，其中，R_5 为限流电阻，防止负载电流过大烧毁器件。

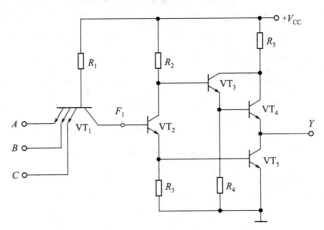

图 5-11　TTL 集成与非门电路图

(2) TTL 与非门电路的工作原理。当输入高电平时，$u_i=3.6V$，VT_1 处于倒置工作状态，集电结正偏，发射结反偏，$u_{B1}=0.7\times3=2.1V$，VT_2 和 VT_4 饱和，输出为低电平，$u_o=0.3V$。

当输入低电平时，$u_i=0.3V$，VT_1 发射结导通，$u_{B1}=0.3+0.7=1V$，VT_2 和 VT_4 均截止，VT_3 导通。输出高电平为 $u_o=3.6V$。

综上所述，只有当输入全为1时，输出为0；只要输入中有一个不为1，则输出为1。与非门的逻辑关系如表 5-11 所示。其逻辑关系式为 $Y=\overline{A \cdot B \cdot C}$。

表 5-11 与非门的真值表

A	B	C	Y
0	0	0	1
0	0	1	1
0	1	0	1
0	1	1	1
1	0	0	1
1	0	1	1
1	1	0	1
1	1	1	0

与非门的逻辑符号如图 5-12 所示。

2. 测试 TTL 与非门功能

（1）所需设备与器件。测试所需设备与器件见表 5-12。

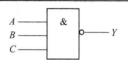

图 5-12 与非门的逻辑符号

表 5-12 测试 TTL 与非门功能所需设备与器件一览表

序号	名称	型号与规格	数量	备注
1	直流稳压电源	+5V	1路	实训台
2	逻辑电平输出			DDZ-22
3	逻辑电平显示			DDZ-22
4	14P 芯片插座		1个	DDZ-22
5	集成芯片	74LS20	1片	

（2）内容与步骤。用实训连接线将实训台上 +5V 电源和地连入实训挂箱 DDZ-22。实训用集成芯片的引脚图见图 5-13。

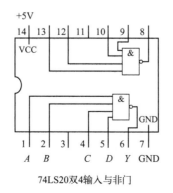

74LS20双4输入与非门

图 5-13 TTL 逻辑门集成芯片引脚图

① 在 DDZ-22 上选取一个 14P 插座，按定位标记插好 74LS20 集成块。
② 按 74LS20 的引脚图，用实训连接线连接好输入和输出，接通+5V 直流稳压电源。
③ 按表 5-13 在输入端输入相应电平，测量并将相应的输出记录到表中。

表 5-13　测量数据记录表

输入	A	1	0	1	1	1
	B	1	1	0	1	1
	C	1	1	1	0	1
	D	1	1	1	1	0
输出	Y					

（3）注意事项。

① 接插集成块时，要认清定位标记，不得插反。

② 电源电压使用范围为+4.5～+5.5V 之间，实训中要求使用 $V_{CC}=+5V$。电源极性绝对不允许接错。

③ 闲置输入端处理方法：

a. 悬空，相当于正逻辑"1"，对于一般小规模集成电路的数据输入端，实训时允许悬空处理。但易受外界干扰，导致电路的逻辑功能不正常。因此，对于接有长线的输入端，中规模以上的集成电路和使用集成电路较多的复杂电路，所有控制输入端必须按逻辑要求接入电路，不允许悬空。

b. 直接接电源电压 V_{CC}（也可以串入一只 1k～10kΩ 的固定电阻）或接至某一固定电压（$2.4V \leqslant V \leqslant 4.5V$）的电源上，或与输入端为接地的多余与非门的输出端相接。

c. 若前级驱动能力允许，可以与使用的输入端并联。

④ 输入端通过电阻接地，电阻值的大小将直接影响电路所处的状态。当 $R \leqslant 680Ω$ 时，输入端相当于逻辑"0"；当 $R \geqslant 4.7kΩ$ 时，输入端相当于逻辑"1"。对于不同系列的器件，要求的阻值不同。

⑤ 输出端不允许并联使用［集电极开路门（OC）和三态输出门电路（3S）除外］，否则不仅会使电路逻辑功能混乱，并会导致器件损坏。

⑥ 输出端不允许直接接地或直接接+5V 电源，否则将损坏器件，有时为了使后级电路获得较高的输出电平，允许输出端通过电阻 R 接至 V_{CC}，一般取 $R=3k～5.1kΩ$。

任务二
认知组合逻辑电路

任务描述

数字电路可分为两种类型：一类是组合逻辑电路（简称组合电路），另一类是时序逻辑电路（简称时序电路）。所谓组合电路是指电路在任一时刻的输出状态只与该时刻各输入状态的组合有关，而与前一时刻的输出状态无关。可以利用组合逻辑电路实现各种具有不同逻辑功能的电路，如加法器、减法器、译码器等。我们将通过学习组合逻辑电路的分析步骤、设计步骤，设计并测试表决电路，了解编码器及译码器、数码显示器，掌握组合逻辑电路的分析和设计方法，学会应用典型的组合逻辑电路。

一、组合电路的分析和设计步骤

1. 组合电路的分析步骤

在工程中我们怎样分析某个组合电路所能实现的功能呢？一般是根据给定的逻辑电路图，求出描述电路输出与输入之间逻辑关系的表达式，列出真值表，分析其逻辑功能。

组合逻辑电路分析的基本步骤如下：

（1）由已知的逻辑图写出输出端逻辑表达式；

（2）变换和化简逻辑表达式；

（3）列出逻辑函数真值表；

（4）根据逻辑函数真值表或逻辑表达式，分析其逻辑功能。

2. 组合电路的设计步骤

在工程中我们怎样设计组合电路呢。组合逻辑电路的设计是组合逻辑电路分析的逆过程，即已知逻辑功能要求，设计出具体的实现该功能的组合逻辑电路。

组合逻辑电路的设计步骤如下。

(1) 分析逻辑问题，明确输入量与输出量；
(2) 根据逻辑要求列出相应的真值表；
(3) 根据真值表写出逻辑函数的最小项表达式；
(4) 化简逻辑函数，并根据可能提供的逻辑电路类型写出所需的表达式形式；
(5) 画出与表达式相应的逻辑图。

组合逻辑电路的设计一般应以电路简单、所用器件最少为目标，并尽量减少所用集成器件的种类。

二、设计并测试表决电路

设计一个四人表决电路，当四人中有三人以上同意时，才能通过，否则不能通过。请用"与非"门设计该表决电路。

1. 设计电路

(1) 分析逻辑问题，明确输入量与输出量。表决电路有 A、B、C、D 四个输入端，输出端为 Z。

(2) 根据逻辑要求列出相应的真值表。根据所要实现的逻辑功能，输入端：同意用"是"表示，不同意用"否"表示；输出端：通过用"是"表示，不同意用"否"表示。列出逻辑状态表，见表 5-14。将逻辑状态表中的"是"用"1"代替，"否"用"0"代替，列出逻辑真值表，见表 5-15。

表 5-14 逻辑状态表

A	否	否	否	否	否	否	否	否	是	是	是	是	是	是	是	是
B	否	否	否	否	是	是	是	是	否	否	否	否	是	是	是	是
C	否	否	是	是	否	否	是	是	否	否	是	是	否	否	是	是
D	否	是	否	是	否	是	否	是	否	是	否	是	否	是	否	是
Z	否	否	否	否	否	否	否	是	否	否	否	是	否	是	是	是

表 5-15 逻辑真值表

A	0	0	0	0	0	0	0	0	1	1	1	1	1	1	1	1
B	0	0	0	0	1	1	1	1	0	0	0	0	1	1	1	1
C	0	0	1	1	0	0	1	1	0	0	1	1	0	0	1	1
D	0	1	0	1	0	1	0	1	0	1	0	1	0	1	0	1
Z	0	0	0	0	0	0	0	1	0	0	0	1	0	1	1	1

由表 5-15 得出逻辑表达式，经过公式法化简，并演化成"与非"的形式

$$Z = BCD + ACD + ABD + ABC + ABCD = ABC + BCD + ACD + ABD$$
$$= \overline{\overline{ABC} \cdot \overline{BCD} \cdot \overline{ACD} \cdot \overline{ABD}}$$

根据逻辑表达式，画出用"与非门"构成的逻辑电路如图 5-14 所示。

2. 测试电路

(1) 测试所需设备与器件，见表 5-16。

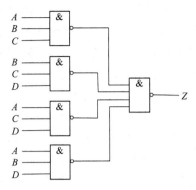

图 5-14 表决电路逻辑图

表 5-16 测试所需设备与器件一览表

序号	名称	型号与规格	数量	备注
1	直流稳压电源	+5V	1路	实训台
2	直流数字电压表		1只	实训台
3	逻辑电平输出			DDZ-22
4	逻辑电平显示			DDZ-22
5	14P 芯片插座		3个	DDZ-22
6	集成芯片	CC4012	3片	

（2）测试内容与步骤。用实训验证逻辑功能，在实训装置适当位置选定三个 14P 插座，按照集成块定位标记插好集成块 CC4012。

按图 5-14 接线，输入端 A、B、C、D 接至逻辑开关输出插口，输出端 Z 接逻辑电平显示输入插口，按真值表（自拟）要求，逐次改变输入变量，测量相应的输出值，验证逻辑功能，与表 5-15 进行比较，验证所设计的逻辑电路是否符合要求。

思考练习

（1）列写实训任务的设计过程，画出设计的电路图；
（2）对所设计的电路进行实训测试，记录测试结果。

三、编码器及译码器

译码是编码的逆过程，在编码时，每一种二进制代码都赋予了特定的含义，即都表示了一个确定的信号或者对象。把代码状态的特定含义"翻译"出来的过程叫作译码，实现译码操作的电路称为译码器。或者说，译码器是可以将输入二进制代码的状态翻译成输出信号，以表示其原来含义的电路。

1. 编码器

将具有特定意义的信息编成相应二进制代码的过程，称为编码。实现编码功能的电路，称为编码器。

按照编码方式不同，编码器可分为二进制编码器和二-十进制编码器。按照输入信号是否相互排斥，编码器可分为普通编码器和优先编码器。在普通编码器中，任何时刻只允许输入一个编码信号，否则输出将发生混乱。在同一时刻允许多个信息同时输入，但只对优先级别最高的信号进行编码，这一类编码器称为优先编码器。目前常用的中规模集成编码器都是优先编码器。下面以常用的二进制编码器 74LS148 为例介绍。

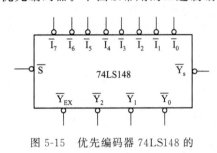

图 5-15 优先编码器 74LS148 的引脚图

二进制编码器有 $2n$ 个输入端、N 个输出端，满足 $N=2^n$，因此也称为 2^n 线-n 线编码器。74LS148 是 8 线-3 线优先编码器，常用于优先中断系统和键盘编码，其引脚如图 5-15 所示。74LS148 的功能表见表 5-17。$\overline{I_0} \sim \overline{I_7}$ 为输入信号端，$\overline{Y_0} \sim \overline{Y_2}$ 是三个输出端。74LS148 设置了 3 个附加控制端。$\overline{S}$ 为使能输入端，$\overline{Y_S}$ 为使能输出端，$\overline{Y_{EX}}$ 为扩展输出端。$\overline{S}=1$ 时编码器不工作，编码器输出 $\overline{Y_0 Y_1 Y_2} = 111$，且 $\overline{Y_S}=1$，$\overline{Y_{EX}}=1$。$\overline{S}=0$ 时编码器有两种工作情况：

(1) 无输入信号要求编码，编码器输出 $\overline{Y_0 Y_1 Y_2}=111$，但 $\overline{Y_S}=0$，$\overline{Y_{EX}}=1$。

(2) 有输入信号要求编码，则按优先级别进行编码，此时 $\overline{Y_S}=1$，$\overline{Y_{EX}}=0$。

表 5-17 优先编码器 74LS148 功能

输入										输出				
$\overline{S}$	$\overline{I_0}$	$\overline{I_1}$	$\overline{I_2}$	$\overline{I_3}$	$\overline{I_4}$	$\overline{I_5}$	$\overline{I_6}$	$\overline{I_7}$		$\overline{Y_2}$	$\overline{Y_1}$	$\overline{Y_0}$	$\overline{Y_{EX}}$	$\overline{Y_S}$
1	×	×	×	×	×	×	×	×		1	1	1	1	1
0	1	1	1	1	1	1	1	1		1	1	1	1	0
0	×	×	×	×	×	×	×	0		0	0	0	0	1
0	×	×	×	×	×	×	0	1		0	0	1	0	1
0	×	×	×	×	×	0	1	1		0	1	0	0	1
0	×	×	×	×	0	1	1	1		0	1	1	0	1
0	×	×	×	0	1	1	1	1		1	0	0	0	1
0	×	×	0	1	1	1	1	1		1	0	1	0	1
0	×	0	1	1	1	1	1	1		1	1	0	0	1
0	0	1	1	1	1	1	1	1		1	1	1	0	1

在表 5-17 中，输入 $\overline{I_0} \sim \overline{I_7}$ 低电平有效，$\overline{I_7}$ 为最高优先级，$\overline{I_0}$ 为最低优先级。只要 $\overline{I_7}=0$，不管其他输入端是 0 还是 1，输出只对 $\overline{I_7}$ 编码，且对应的输出为反码有效，$\overline{Y_0 Y_1 Y_2}=000$。

2. 译码器

译码是编码的逆过程，是将表示特定意义信息的二进制代码翻译成对应的信号或十进制数码。实现译码功能的电路称为译码器。

假设译码器有 n 个输入信号和 N 个输出信号，如果 $N=2^n$，称为全译码器，常见的全译码器有 2 线-4 线译码器、3 线-8 线译码器、4 线-16 线译码器等；如果 $N<2^n$，称为部分译码器，如二-十进制译码器（也称作 4 线-10 线译码器）等。

将二进制代码的各种状态译成对应输出信号的组合逻辑电路,称为二进制译码器。

若输入是 n 位二进制代码,译码器则有 2^n 个输出。所以当译码器的输入为 2 线时,输出为 4 线,称为 2 线-4 线译码器;当译码器的输入为 3 线时,输出为 8 线,称为 3 线-8 线译码器。

下面介绍 2 线-4 线译码器和译码器芯片 74LS138。

(1) 2 线-4 线译码器。用门电路实现 2 线-4 线译码器的逻辑电路如图 5-16 所示。

2 线-4 线译码器的功能如表 5-18 所示。

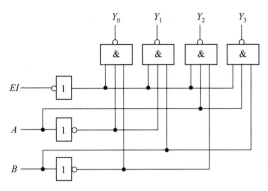

图 5-16　2 线-4 线译码器逻辑图

表 5-18　2 线-4 线译码器功能表

输入			输出			
EI	A	B	Y_0	Y_1	Y_2	Y_3
1	×	×	1	1	1	1
0	0	0	0	1	1	1
0	0	1	1	0	1	1
0	1	0	1	1	0	1
0	1	1	1	1	1	0

由表 5-18 可写出各输出函数表达式:

$$Y_0=\overline{\overline{EI}\,\overline{A}\,\overline{B}} \quad Y_1=\overline{\overline{EI}\,\overline{A}B} \quad Y_2=\overline{\overline{EI}A\overline{B}} \quad Y_3=\overline{\overline{EI}AB}$$

(2) 译码器芯片 74LS138。74LS138 是一种典型的二进制译码器,其引脚图如图 5-17 所示。其中 A_2、A_1、A_0 为它的三个输入端。$\overline{Y_0} \sim \overline{Y_7}$ 为 8 个输出端,低电平有效。S_1、$\overline{S_2}$、$\overline{S_3}$ 为 3 个控制端/片选端,其中 S_1 高电平有效,$\overline{S_2}$、$\overline{S_3}$ 低电平有效。

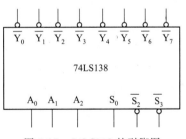

图 5-17　74LS138 的引脚图

74LS138 译码器功能见表 5-19。其逻辑功能如下:

① 当 $S_1=0$ 或 $\overline{S_2}+\overline{S_3}=1$ 时,片选端无效,译码器不工作,输出端 $\overline{Y_0} \sim \overline{Y_7}$ 均为高电平。

② 当 $S_1=1$ 且 $\overline{S_2}+\overline{S_3}=0$ 时,片选端有效,译码器译出三个输入变量的全部状态。

表 5-19　74LS138 译码器功能

输入						输出							
S_1	$\overline{S_2}$	$\overline{S_3}$	A_2	A_1	A_0	$\overline{Y_0}$	$\overline{Y_1}$	$\overline{Y_2}$	$\overline{Y_3}$	$\overline{Y_4}$	$\overline{Y_5}$	$\overline{Y_6}$	$\overline{Y_7}$
0	×	×	×	×	×	1	1	1	1	1	1	1	1
×	1	×	×	×	×	1	1	1	1	1	1	1	1
×	×	1	×	×	×	1	1	1	1	1	1	1	1

续表

输入						输出							
S_1	$\overline{S_2}$	$\overline{S_3}$	A_2	A_1	A_0	$\overline{Y_0}$	$\overline{Y_1}$	$\overline{Y_2}$	$\overline{Y_3}$	$\overline{Y_4}$	$\overline{Y_5}$	$\overline{Y_6}$	$\overline{Y_7}$
1	0	0	0	0	0	0	1	1	1	1	1	1	1
1	0	0	0	0	1	1	0	1	1	1	1	1	1
1	0	0	0	1	0	1	1	0	1	1	1	1	1
1	0	0	0	1	1	1	1	1	0	1	1	1	1
1	0	0	1	0	0	1	1	1	1	0	1	1	1
1	0	0	1	0	1	1	1	1	1	1	0	1	1
1	0	0	1	1	0	1	1	1	1	1	1	0	1
1	0	0	1	1	1	1	1	1	1	1	1	1	0

（3）测试 74LS138 译码器功能。测试所需设备与器件见表 5-20。

表 5-20　测试 74LS138 译码器功能所需设备与器件表

序号	名称	型号与规格	数量	备注
1	直流稳压电源	+5V	1路	实训台上
2	直流数字电压表		1只	实训台上
3	逻辑电平输出			DDZ-22
4	逻辑电平显示			DDZ-22
5	16P 芯片插座		1个	DDZ-22
6	集成芯片	74LS138	1片	

用实训连接线将实训台上+5V 电源和地连入实训挂箱 DDZ-22。实训用集成芯片的引脚图见图 5-17。

① 在 DDZ-22 上选取一个 16P 插座，按定位标记插好 74LS138 集成块。

② 根据图 5-17 的引脚图，将挂箱上+5V 直流电源接 74LS138 的 16 脚，地接 8 脚。

③ 用实训连接线将译码器地址端 A_0、A_1、A_2（即 1、2、3 脚）和使能端 S_1、$\overline{S_2}$、$\overline{S_3}$（即 6、4、5 脚）分别接至逻辑电平开关输出口，八个输出端接逻辑电平显示的输入口。

④ 按表 5-21 在 A_0、A_1、A_2 三输入端输入高、低电平，检测并将输出端的电平记录到表中。

表 5-21　测量数据记录表

输入						输出							
S_1	$\overline{S_2}$	$\overline{S_3}$	A_2	A_1	A_0	$\overline{Y_0}$	$\overline{Y_1}$	$\overline{Y_2}$	$\overline{Y_3}$	$\overline{Y_4}$	$\overline{Y_5}$	$\overline{Y_6}$	$\overline{Y_7}$
0	×	×	×	×	×								
×	1	×	×	×	×								
×	×	1	×	×	×								
1	0	0	0	0	0								
1	0	0	0	0	1								

续表

输入						输出							
S_1	$\overline{S_2}$	$\overline{S_3}$	A_2	A_1	A_0	$\overline{Y_0}$	$\overline{Y_1}$	$\overline{Y_2}$	$\overline{Y_3}$	$\overline{Y_4}$	$\overline{Y_5}$	$\overline{Y_6}$	$\overline{Y_7}$
1	0	0	0	1	0								
1	0	0	0	1	1								
1	0	0	1	0	0								
1	0	0	1	0	1								
1	0	0	1	1	0								
1	0	0	1	1	1								

四、数码显示器

1. 数码显示器件

数码显示器件是用来显示数码、文字以及符号的器件。

常见的数码显示器件有：荧光数码管、液晶数码管（LCD）、发光二极管数码管（LED）等。在各种数码管中，发光二极管数码管显示器应用很广泛。发光二极管数码管是将七个发光二极管排列成"日"字形，如图 5-18 所示，七个发光二极管分别用 a、b、c、d、e、f、g 小写字母代表，不同的发光线段组合在一起，就能显示出相应的十进制数字。

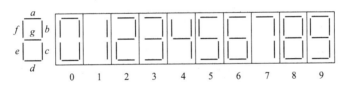

图 5-18 发光二极管数码管

在发光二极管数码管中，七个发光二极管内部接法可分为共阴极和共阳极两种，分别如图 5-19 所示。在共阴极接法中，是把七个发光二极管的负极连接在一起，它们的正极用以输入电平信号。在 $a \sim g$ 引脚中，输入高电平的线段发光。在共阳极接法中，把各发光二极管的正极连接在一起，它们的负极用以输入电平信号。$a \sim g$ 引脚中，输入低电平的线段发光。控制不同的发光段，就可显示 $0 \sim 9$ 不同的数字。使用时每个发光二极管要串联限流电阻。

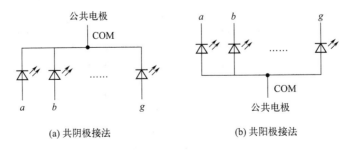

(a) 共阴极接法   (b) 共阳极接法

图 5-19 数码管接法

2. 数字显示译码器

显示译码器的作用就是将输入的代码译成驱动数码管的信号，使其显示出相应的十进制数码。

下面以显示译码器 CC4511 为例说明显示译码器的使用方法。图 5-20 为 CC4511 引脚排列图，显示译码器 CC4511 驱动 LED 数码管的连线图如图 5-21 所示，表 5-22 为 CC4511 功能表。

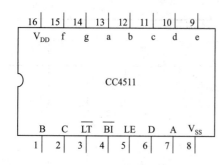

图 5-20　CC4511 引脚排列图

其中输入端 $\overline{LT}$ 为试灯输入端，当该端接低电平时，显示输出为"8"，即七段发光二极管全亮，用来检验数码管的七段是否正常工作。当 $\overline{LT}=1$ 时，译码器可正常进行译码显示。

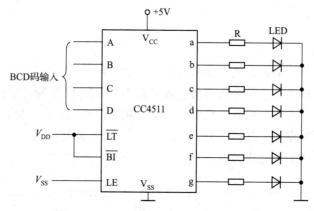

图 5-21　CC4511 驱动 LED 数码管连线图

输入端 $\overline{BI}$ 为灭灯输入端，当该端接低电平时，七段发光二极管全灭，无显示，用来作零消隐的。

输入端 LE 为锁定控制端，当该端接低电平时，允许译码输出。当接高电平时，译码器是锁定保持状态，译码器的输出被保持在 $LE=0$ 时的状态。

A、B、C、D 为 8421 码输入端。

a、b、c、d、e、f、g 为译码输出端。

表 5-22　CC4511 功能状态表

输入				输出							显示字形
D	C	B	A	a	b	c	d	e	f	g	
0	0	0	0	1	1	1	1	1	1	0	0
0	0	0	1	0	1	1	0	0	0	0	1
0	0	1	0	1	1	0	1	1	0	1	2
0	0	1	1	1	1	1	1	0	0	1	3
0	1	0	0	0	1	1	0	0	1	1	4

续表

输入				输出							显示字形
D	C	B	A	a	b	c	d	e	f	g	
0	1	0	1	1	0	1	1	0	1	1	5
0	1	1	0	0	0	1	1	1	1	1	6
0	1	1	1	1	1	1	0	0	0	0	7
1	0	0	0	1	1	1	1	1	1	1	8
1	0	0	1	1	1	1	0	0	1	1	9
1	0	1	0	0	0	0	0	0	0	0	消隐
1	0	1	1	0	0	0	0	0	0	0	消隐
1	1	0	0	0	0	0	0	0	0	0	消隐
1	1	0	1	0	0	0	0	0	0	0	消隐
1	1	1	0	0	0	0	0	0	0	0	消隐
1	1	1	1	0	0	0	0	0	0	0	消隐

3. 测试译码器与数码显示性能

采用 CC4511 BCD 码锁存/七段译码/驱动器,驱动共阴极 LED 数码管。

(1) 测试所需设备与器件见表 5-23。

表 5-23 测试译码器与数码显示性能所需设备与器件表

序号	名称	型号与规格	数量	备注
1	直流稳压电源	+5V	1路	实训台上
2	直流数字电压表		1只	实训台上
3	逻辑电平输出			DDZ-22
4	译码器	CC4511	1个	DDZ-22
5	LED 数码管			

(2) 内容与步骤。用实训连接线将实训台上+5V 电源和地连入挂箱 DDZ-22。

① 将译码显示器左边的两个+5V 接线柱用导线连接起来。

② 用实训连接线将译码显示器的 A、B、C、D 四个输入端,分别接至逻辑电平开关输出口。

③ 接通电源,分别拨动逻辑电平开关,在译码显示器的 A、B、C、D 四个输入端,输入 0000~1001(十进制的 0~9),验证数码管显示的对应数字是否与理论一致。

任务三
认知及应用时序逻辑电路

任务描述

在工程技术中,有些情况需要电路的状态不仅与当前的状态有关系,还需要与电路原来的状态有关系,这就需要电路具有"记忆"功能。具有"记忆"功能,是指任意时刻的输出信号,不仅取决于该时刻电路的输入信号,而且还取决于电路原来状态,这样的逻辑电路称为时序逻辑电路。常用的时序逻辑电路有触发器、计数器、寄存器和555定时器等。我们将通过了解时序逻辑电路、学习构成时序逻辑电路的基本单元——触发器、测试计数器的性能,以及了解寄存器,掌握时序逻辑电路的特点、原理及功能,从而学会正确使用时序逻辑电路。

一、时序逻辑电路

1. 时序逻辑电路的基本组成

时序逻辑电路在任一时刻的输出信号不仅与当时输入信号有关,而且还与电路的前一个输出状态有关。因此,时序逻辑电路由组合逻辑电路和存储电路两部分组成,如图5-22所示。

在图5-22中 X 为时序逻辑电路的输入信号,Z 为时序逻辑电路的输出信号,Y 为存储电路的输入信号,Q 为存储电路的输出信号。根据图5-22可以得到这些信号之间的逻辑关系为

$$Z = F_1(X, Q^n) \tag{5-10}$$

$$Y = F_1(X, Q^n) \tag{5-11}$$

$$Q^{n+1} = F_2(Y, Q^n) \tag{5-12}$$

式(5-10)称为"输出方程";式(5-11)称为"存储电路的驱动方程";式(5-12)称为"时序逻辑电路的状态方程",其中 Q^{n+1} 称为"次态",Q^n 称为"现态"。

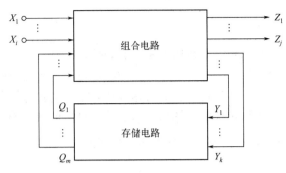

图 5-22 时序逻辑电路结构的框图

2. 时序逻辑电路的分类

按照存储单元状态变化的特点，时序逻辑电路可以分成同步时序逻辑电路和异步时序逻辑电路两大类。

在同步时序逻辑电路中，所有触发器的状态变化都是在同一时钟信号作用下同时发生的。而在异步时序逻辑电路中，各触发器状态的变化不是同时发生，而是有先有后的。异步时序逻辑电路根据电路的输入是脉冲信号还是电平信号，又可分为脉冲异步时序逻辑电路和电平异步时序逻辑电路。

3. 时序逻辑电路功能的描述方法

（1）逻辑方程式。用输出方程、驱动方程和状态方程等三个方程来描述时序逻辑电路功能的方法称为"逻辑方程描述法"。

（2）状态表。时序逻辑电路的状态表，就是通过表格的形式描述时序逻辑电路的输入信号、输出信号及现态之间的关系变化，如表 5-24 所示。

表 5-24 时序逻辑电路的状态表

现态	输入	X	
Q^n		Q^{n+1}/Z	

注：表中内容表示次态/输出。

（3）状态图。用图形的方式表达时序逻辑电路状态转换及相应输入、输出取值关系的方法称为"状态图"，如图 5-23 所示。

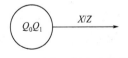

图 5-23 时序逻辑电路状态图

4. 时序逻辑电路的分析方法

时序逻辑电路的分析步骤可分为：

（1）从给定的逻辑图中，写出每个触发器的驱动方程、时钟方程和电路的输出方程。

（2）求电路的状态方程。把驱动方程代入相应触发器的特性方程，可求出每个触发器的次态方程，即电路的状态方程。

（3）列出完整的状态转换真值表，画出状态转换图或时序图。依次假设初态，代入电路的状态方程、输出方程，求出次态。列出完整的状态转换真值表，简称状态转换表。

（4）确定时序电路的逻辑功能。

二、触发器

触发器是能够存储一位二进制数码的电路，它是由门电路引入适当的反馈构成的。触发器在某一时刻的输出不仅和当时的输入状态有关，并且还与在此之前的电路状态有关。当输入信号消失后，触发器的状态被记忆，直到再输入信号后它的状态才可能变化。

触发器的种类很多，根据组成的电路结构不同，可将触发器分为基本 RS 触发器、同步 RS 触发器、主从触发器和边沿触发器。根据逻辑功能的不同，可将触发器分为 RS 触发器、JK 触发器、D 触发器等。

1. 基本 RS 触发器

（1）结构与功能。基本 RS 触发器是所有触发器中结构最简单的，也是构成其他功能触发器的最基本单元。通常由两个与非门交叉连接而成。

图 5-24(a) 所示为由两个与非门将其输入与输出端交叉连接而构成的基本 RS 触发器。$\overline{S_D}$、$\overline{R_D}$ 为两个输入端，其中 $\overline{S_D}$ 称为置 1（置位）输入端，$\overline{R_D}$ 称为置 0（复位）输入端。Q 与 $\overline{Q}$ 为两个互补输出端，规定触发器 Q 端的状态为触发器的状态，即当 $Q=1$、$\overline{Q}=0$ 时，称为触发器的 1 状态；当 $Q=0$、$\overline{Q}=1$ 时，称为触发器的 0 状态。基本 RS 触发器的逻辑符号如图 5-24(b) 所示，图中输入端的小圆圈表示低电平有效。

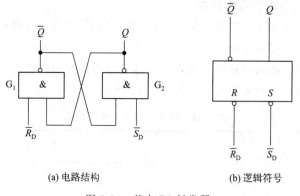

(a) 电路结构　　　　(b) 逻辑符号

图 5-24　基本 RS 触发器

当 $\overline{R_D}=0$、$\overline{S_D}=1$ 时，与非门 G_1 的输出 $\overline{Q}=1$，与非门 G_2 的输入均为高电平，使 $Q=0$，并且由于 $\overline{Q}$ 反馈连接到与非门 G_1 的输入端，因此即使 $\overline{R_D}=0$ 信号消失（即 $\overline{R_D}$ 回到 1），电路仍能保持电平 0 状态不变。在 $\overline{R_D}$ 端，加入有效的低电平可使触发器置 0，故 $\overline{R_D}$ 端被称为置 0 端。

当 $\overline{R_D}=1$、$\overline{S_D}=0$ 时，触发器置 1，并且在 $\overline{S_D}=0$ 信号消失后，电路仍能保持 1 状态。在 $\overline{S_D}$ 端，加入有效的低电平，触发器置 1，故 $\overline{S_D}$ 端被称为置 1 端。

当 $\overline{R_D}=\overline{S_D}=1$ 时，电路维持原来的状态不变。例如 $Q=1$、$\overline{Q}=0$，与非门 G_2 由于 $\overline{Q}=0$ 而使 Q 保持 1，与非门 G_1 则由于 $Q=1$、$\overline{R_D}=1$ 而继续输出 $\overline{Q}=0$。为了区分两者，前者 Q 用 Q_n 表示，称为触发器现态；后者 Q 用 Q_{n+1} 表示，称为次态，即 $Q_{n+1}=Q_n$。

当 $\overline{R_D}=\overline{S_D}=0$ 时，$Q=\overline{Q}=1$。对于触发器来说，破坏了两个输出端信号互补的规则，是一种不正常状态。若该状态结束后，跟随的是 $\overline{R_D}$ 有效（$\overline{R_D}=0$、$\overline{S_D}=1$）或 $\overline{S_D}$ 有效

($\overline{R_D}=1$、$\overline{S_D}=0$) 的情况，那么触发器进入正常的 0 或 1 状态。但是若 $\overline{R_D}=\overline{S_D}=0$ 信号消失后，$\overline{R_D}$ 和 $\overline{S_D}$ 都没有有效信号输入，即为 $\overline{R_D}=\overline{S_D}=1$，则触发器是 0 状态还是 1 状态将无法确定，故称为不定状态。因此正常工作时，是不允许 $\overline{R_D}$ 和 $\overline{S_D}$ 同时为 0 的，并以此作为输入端加信号的约束条件。

由上述分析可得出基本 RS 触发器的真值表，如表 5-25 所示。

表 5-25 基本 RS 触发器状态真值表

$\overline{S_D}$	$\overline{R_D}$	Q_n	Q_{n+1}
0	0	0	不定
0	0	1	不定
0	1	0	1
0	1	1	1
1	0	0	0
1	0	1	0
1	1	0	0
1	1	1	1

基本 RS 触发器的特性方程为

$$Q_{n+1} = S_D + R_D Q_n \tag{5-13}$$

$$\overline{R_D} + \overline{S_D} = 1 \quad (\text{约束条件})$$

时序图也称为波形图。一般先设初始状态 Q 为 0，然后根据给定的输入信号波形，画出相应输出端 Q 或 $\overline{Q}$ 的波形。基本 RS 触发器时序图如图 5-25 所示。

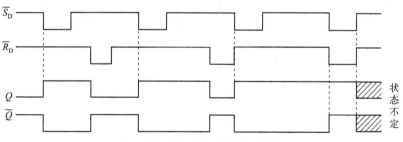

图 5-25 基本 RS 触发器时序图

（2）性能测试。

① 所需设备与器件见表 5-26。

表 5-26 测试基本 RS 触发器所需设备与器件表

序号	名称	型号与规格	数量	备注
1	直流稳压电源	+5V	1 路	实训台上
2	逻辑电平输出			DDZ-22
3	逻辑电平显示			DDZ-22
4	单次脉冲源		1 个	DDZ-22
5	14P 芯片插座		1 个	DDZ-22
6	集成芯片	74LS00	1 片	

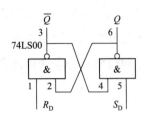

图 5-26 基本 RS 触发器接线图

② 内容与步骤。

a. 在 DDZ-22 上选取一个 14P 插座，按定位标记插好 74LS00 集成块，根据图 5-26 连接实训线路。

b. 将挂箱上 +5V 直流电源接 74LS00 的 14 脚，地接 7 脚。将 R_D、S_D 接逻辑电平输出口，输出 Q 接逻辑电平显示输入口。

c. 按表 5-27 在输入端输入相应电平，观察并记录输出逻辑电平显示情况（发光管亮，表示输出高电平"1"，发光管不亮，表示输出低电平"0"）。

表 5-27 测量数据记录表

R_D	S_D	Q	R_D	S_D	Q
0	0		1	0	
0	1		1	1	

③ 总结。

a. 总结基本 RS 触发器的电路组成及其功能。

b. 列表整理基本 RS 触发器的逻辑功能。

2. 钟控 RS 触发器

(1) 结构与功能。基本 RS 触发器的状态直接受 $\overline{R_D}$、$\overline{S_D}$ 两输入信号的控制，只要输入端一出现置 0 或置 1 信号，触发器立即转入新的工作状态。在数字系统中，经常要求各逻辑器件协调一致地动作，这个用来协调各器件之间动作的控制信号称为时钟脉冲，用 CP 表示，相应地，输入端为时钟脉冲输入端。只有 CP 信号到来时，触发器才能按输入信号动作，否则触发器保持。带有时钟信号的触发器称为钟控触发器。由与非门构成的钟控 RS 触发器电路及逻辑符号如图 5-27 所示。

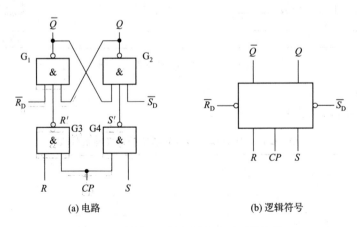

(a) 电路 (b) 逻辑符号

图 5-27 钟控 RS 触发器电路及逻辑符号

触发器在接收信号之前所处的状态称为现态，用 Q^n 表示，在接收信号之后建立的新状态称为次态，用 Q^{n+1} 表示。钟控 RS 触发器的真值表见表 5-28。

表 5-28 钟控 RS 触发器的真值表

输入				输出	功能
CP	R	S	Q^n	Q^{n+1}	
0	×	×	×	Q^n	保持
1	0	0	0	0	保持
1	0	0	1	1	
1	0	1	0	1	置 1
1	0	1	1	1	
1	1	0	0	0	置 0
1	1	0	1	0	
1	1	1	0	×	禁止
1	1	1	1	×	

当 $CP=0$ 时,与之连接的两个与非门被封锁,$\overline{R_D}=\overline{S_D}=1$,即不论 R、S 如何变化均不会影响触发器输出,触发器状态保持不变。当 $CP=1$ 时,与之连接的两个与非门打开,输入信号 R、S 经反相后加到基本 RS 触发器上,使 Q 和 $\overline{Q}$ 的状态跟随 R、S 的状态而改变。

由表 5-28 可得出同步 RS 触发器的逻辑函数表达式即特性方程为

$$Q^{n+1}=S+\overline{R}Q^n \quad (CP=1) \tag{5-14}$$

$$RS=0 \quad (约束条件)$$

钟控 RS 触发器时序图如图 5-28 所示,假设触发器初始状态为 0。

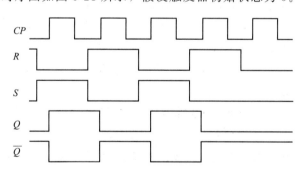

图 5-28 钟控 RS 触发器时序图

(2) 测试钟控 RS 触发器性能。

① 测试所需设备与器件见表 5-29。

表 5-29 测试钟控 RS 触发器所需设备与器件一览表

序号	名称	型号与规格	数量	备注
1	直流稳压电源	+5V	1 路	实训台
2	逻辑电平输出			DDZ-22
3	逻辑电平显示			DDZ-22
4	单次脉冲源		1 个	DDZ-22
5	14P 芯片插座		1 个	DDZ-22
6	集成芯片	74LS00	1 片	

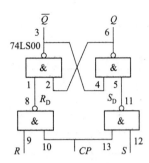

图 5-29 钟控 RS 触发器

② 测试内容与步骤。

a. 在 DDZ-22 上选取一个 14P 插座，按定位标记插好 74LS00 集成块，根据图 5-29 连接实训线路。CP 端连接 DDZ-22 上的单次脉冲源。

b. 将实训台挂箱上 +5V 直流电源接 74LS00 的 14 脚，地接 7 脚。将 R、S 接逻辑电平输出口，输出 Q 接逻辑电平显示输入口。

c. 按表 5-30 在输入端输入相应电平，观察并记录输出逻辑电平显示情况。发光管亮，表示输出高电平"1"，发光管不亮，表示输出低电平"0"。

表 5-30 测试数据记录表

R	S	Q^{n+1}	R	S	Q^{n+1}
0	0		1	0	
0	1		1	1	

③ 实训总结。

a. 总结钟控 RS 触发器的电路组成及其功能。

b. 列表钟控 RS 触发器的逻辑功能。

3. JK 触发器

(1) 结构与功能。JK 触发器是一种功能完善、应用极广泛的触发器。常用 JK 触发器的触发方式有主从触发与下降沿触发等，如 74112 集成触发器为下降沿触发，7472、7473 为主从触发。不同触发方式的集成 JK 触发器的逻辑功能不同，逻辑功能取决于控制输入端。

下面以下降沿触发器为例说明。下降沿触发器的逻辑符号如图 5-30 所示。其中 CP 为时钟信号输入端。CP 端的"∧"符号表示触发器是边沿触发的，靠近方框处的小圆圈表明该触发器是下降沿触发的。JK 触发器的真值表见表 5-31。

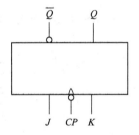

图 5-30 JK 触发器逻辑符号

表 5-31 JK 触发器的真值表

J	K	Q^{n+1}	说明
0	0	Q^n	保持
0	1	0	置 0
1	0	1	置 1
1	1	$\overline{Q^n}$	翻转

下降沿触发器的工作特点是触发器只在时钟脉冲 CP 的上升沿下降沿工作，其他时刻触发器处于保持状态。JK 触发器的特性方程为

$$Q^{n+1} = J\overline{Q^n} + \overline{K}Q^n \quad (CP \downarrow) \tag{5-15}$$

根据 JK 触发器的逻辑功能，可画出 JK 触发器的时序图，如图 5-31 所示。假设触发器初始状态为 0。

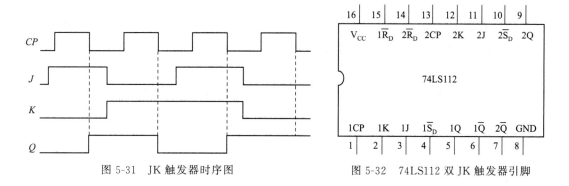

图 5-31　JK 触发器时序图　　　　　图 5-32　74LS112 双 JK 触发器引脚

（2）性能测试。

① 测试所需设备与器件。选用 74LS112 集成块，74LS112 集成块有两个 JK 触发器，其引脚见图 5-32。

测试所需设备与器件见表 5-32。

表 5-32　测试 JK 触发器所需设备与器件一览表

序号	名称	型号与规格	数量	备注
1	直流稳压电源	+5V	1 路	实训台
2	逻辑电平输出			DDZ-22
3	逻辑电平显示			DDZ-22
4	单次脉冲源		1 个	DDZ-22
5	16P 芯片插座		1 个	DDZ-22
6	集成芯片	74LS112	1 片	

② 测试内容与步骤。根据图 5-32 测试双 JK 触发器 74LS112 逻辑功能。任取一只 JK 触发器，$\overline{R_D}$、$\overline{S_D}$、J、K 端接逻辑电平开关输出插口，CP 端接单次脉冲源，Q、$\overline{Q}$ 端接至逻辑电平显示输入插口。

按表 5-33 的要求改变 J、K、CP 端状态，观察 Q、$\overline{Q}$ 状态变化，观察触发器状态更新是否发生在 CP 脉冲的下降沿（即 CP 由 1→0），记录之。

表 5-33　测试数据记录表

J	K	CP	Q^{n+1}	
			$Q^n=0$	$Q^n=1$
0	0	0→1		
		1→0		
0	1	0→1		
		1→0		
1	0	0→1		
		1→0		
1	1	0→1		
		1→0		

③ 总结。

a. 总结 JK 触发器的电路组成及其功能。

b. 列表整理 JK 触发器的逻辑功能。

4. D 触发器

（1）结构与功能。D 触发器可以由 JK 触发器转换而成，其组成和逻辑符号如图 5-33 所示。

通过图 5-33 不难看出 $J=D$；$K=\overline{D}$。因此 D 触发器的特征方程为

$$Q^{n+1}=J\overline{Q^n}+\overline{K}Q^n=D(\overline{Q^n}+Q^n)=D \tag{5-16}$$

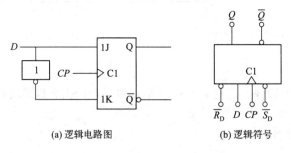

(a) 逻辑电路图　　　　(b) 逻辑符号

图 5-33　D 触发器的构成及逻辑电路图

当 $D=1$，即 $J=1$、$K=0$ 时，在 CP 的下降沿触发器翻转为（或保持）1 态；当 $D=0$，即 $J=0$、$K=1$ 时，在 CP 的下降沿触发器翻转为（或保持）0 态。D 触发器的真值表见表 5-34。

表 5-34　D 触发器的真值表

D	Q^{n+1}	功能说明
0	0	置 0
1	1	置 1

（2）性能测试。

① 设备与器件。采用 74LS00 集成块，按照图 5-34 接线组成 D 触发器。

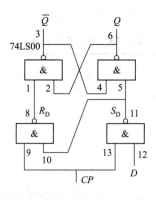

图 5-34　用 74LS00 集成块组成 D 触发器接线图

测试所需的设备与器件见表 5-35。

表 5-35 测试 D 触发器所需设备与器件一览表

序号	名称	型号与规格	数量	备注
1	直流稳压电源	+5V	1 路	实训台上
2	逻辑电平输出			DDZ-22
3	逻辑电平显示			DDZ-22
4	单次脉冲源		1 个	DDZ-22
5	14P 芯片插座		1 个	DDZ-22
6	集成芯片	74LS00	1 片	

② 内容与步骤。

a. 在 DDZ-22 上选取一个 14P 插座，按定位标记插好 74LS00 集成块，根据图 5-34 连接实训线路。CP 端连接 DDZ-22 上的单次脉冲源。

b. 将挂箱上+5V 直流电源接 74LS00 的 14 脚，地接 7 脚。将 D 接逻辑电平输出口，输出 Q 接逻辑电平显示输入口。

c. 按表 5-36 在输入端输入相应电平，观察并记录输出逻辑电平显示情况。发光管亮，表示输出高电平"1"，发光管不亮，表示输出低电平"0"。

表 5-36 测试数据记录表

D	Q^{n+1}	D	Q^{n+1}
0		1	

③ 总结。

a. 总结 D 触发器的电路组成及其功能。

b. 列表整理 D 触发器的逻辑功能。

三、计数器

在数字电路中，能够记忆输入脉冲个数的电路称为"计数器"。计数器是一种累计脉冲个数的逻辑部件，它不仅用于计数，而且还用于计时、分频、产生脉冲等，用途非常广泛，几乎所有数字系统中都有计数器。

计数器有多种分类方式。按计数过程数字增减趋势，分为加法计数器、减法计数器及加减均可的可逆计数器。按照进制方式不同，分为二进制计数器、十进制计数器及任意进制计数器。按照各个计数单元动作的次序，分为同步计数器和异步计数器。下面我们学习两种最常见的计数器，异步二进制计数器和十进制计数器。

1. 异步二进制计数器

（1）工作原理。图 5-35 所示为 4 位异步二进制加法计数器的原理图。4 位异步二进制加法计数器由 4 个下降沿的 D 触发器作为基本计数单元，每个触发器的 D 端接 $\overline{Q}$，各位触发器的清零端受清零信号的控制。第 1 个触发器 CP_0 接脉冲信号，每来一个 CP 脉冲在其下降沿触发器翻转一次，并且低位触发器的输出 $\overline{Q}$ 作高位触发器的 CP 脉冲，当 $\overline{Q}$ 由高电平变为低电平时，触发器被触发。

在计数脉冲输入前，在 $\overline{R_D}$ 端加负脉冲使计数器清零，Q_0、Q_1、Q_2、Q_3 均为 0。当第一

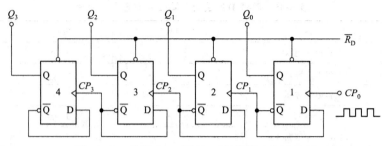

图 5-35　4 位异步二进制加法计数器（74LS74）

个计数脉冲加到触发器 1 的 CP 端，在该脉冲的下降沿翻转时，触发器 1 动作，$Q_0 = D = \overline{Q} = 1$，触发器 1 的输出 Q_0 由 "0" 变为 "1"，即由低电平变为高电平。触发器 2 的计数脉冲受触发器 1 的 $\overline{Q}$ 控制，只有 $\overline{Q}$ 由 "1" 变为 "0"，即由高电平变为低电平的时候，触发器 2 才能被触发。依次类推，得到计数器的工作波形图，如图 5-36 所示。

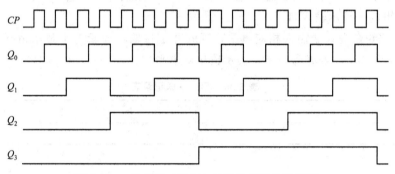

图 5-36　4 位异步二进制加法计数器工作波形图

由波形图可知，每个触发器都是每输入两个脉冲输出一个脉冲，即逢二进一。

这种计数器之所以称为异步计数器，是由于计数脉冲不是同时加到各触发器，而是加到最低位触发器，其他各触发器则由相邻低位触发器输出的进位脉冲来触发，因此它们状态的变换有先有后，是异步的。

（2）性能测试。

① 测试 4 位异步二进制加法计数器性能所需设备与器件见表 5-37。

表 5-37　测试 4 位异步二进制加法计数器设备与器件一览表

序号	名称	型号与规格	数量	备注
1	直流稳压电源	+5V	1 路	实训台上
2	逻辑电平输出			DDZ-22
3	逻辑电平显示器			DDZ-22
4	单次脉冲源		1 个	DDZ-22
5	14P 芯片插座		2 个	DDZ-22
6	集成芯片	74LS74	2 片	

② 测试内容与步骤。

a. 在 DDZ-22 上选取两个 14P 插座，按定位标记插好 74LS74 集成块，74LS74 的引脚图见图 5-37，根据图 5-35 连接测试线路。

b. 将挂箱上 +5V 直流电源接 74LS74 的 14 脚，地接 7 脚。$\overline{R_D}$ 接至逻辑电平开关输出插口，将低位 CP_0 端接单次脉冲源，输出端 Q_0、Q_1、Q_2、Q_3 接逻辑电平显示输入插口，各 $\overline{S_D}$ 接高电平"1"。

c. 清零后，逐个送入单次脉冲，观察 Q_0、Q_1、Q_2、Q_3 状态。

③ 实训总结。

a. 总结集成触发器构成计数器的方法。

b. 总结计数器的使用及功能测试方法。

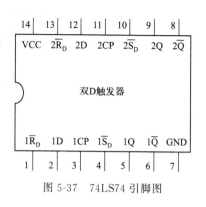

图 5-37 74LS74 引脚图

2. 十进制计数器

在时序逻辑电路中，最常用的是十进制计数器。

（1）工作状态分析。图 5-38 为 8421 码十进制同步计数器的逻辑电路图。对该计数器的分析如下：

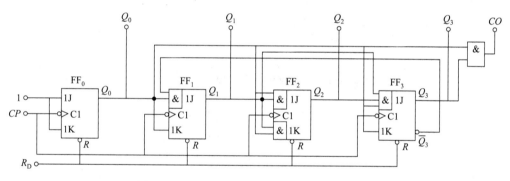

图 5-38 8421 码十进制同步计数器逻辑电路图

① 逻辑状态方程

$$CO = Q_0^n Q_3^n$$

$$J_0 = K_0 = 1$$

$$J_1 = \overline{Q_3^n} Q_0^n, \ K_1 = Q_0^n$$

$$J_2 = K_2 = Q_0^n Q_1^n$$

$$J_3 = Q_0^n Q_1^n Q_2^n, K_3 = Q_0^n$$

$$Q_0^{n+1} = J_0 \overline{Q_0^n} + \overline{K_0} Q_0^n = \overline{Q_0^n}$$

$$Q_1^{n+1} = J_1 \overline{Q_1^n} + \overline{K_1} Q_1^n = \overline{Q_3^n} Q_0^n \overline{Q_1^n} + Q_1^n \overline{Q_0^n}$$

$$Q_2^{n+1} = J_2 \overline{Q_2^n} + \overline{K_2} Q_2^n = Q_0^n Q_1^n \overline{Q_2^n} + Q_2^n \overline{Q_0^n Q_1^n}$$

$$Q_3^{n+1} = J_3 \overline{Q_3^n} + \overline{K_3} Q_3^n = Q_0^n Q_1^n Q_2^n \overline{Q_3^n} + Q_3^n \overline{Q_0^n}$$

② 根据上面的逻辑状态返程可得状态转换表，如表 5-38 所示。设初始状态为 $Q_3 Q_2 Q_1 Q_0 = 0000$。

表 5-38 同步十进制加法计数器的状态转换表

计数脉冲序号	现态				次态				进位输出
	Q_3^n	Q_2^n	Q_1^n	Q_0^n	Q_3^{n+1}	Q_2^{n+1}	Q_1^{n+1}	Q_0^{n+1}	CO
0	0	0	0	0	0	0	0	1	0
1	0	0	0	1	0	0	1	0	0
2	0	0	1	0	0	0	1	1	0
3	0	0	1	1	0	1	0	0	0
4	0	1	0	0	0	1	0	1	0
5	0	1	0	1	0	1	1	0	0
6	0	1	1	0	0	1	1	1	0
7	0	1	1	1	1	0	0	0	0
8	1	0	0	0	1	0	0	1	0
9	1	0	0	1	0	0	0	0	1

并画出如图 5-39 所示的电路状态转换图。

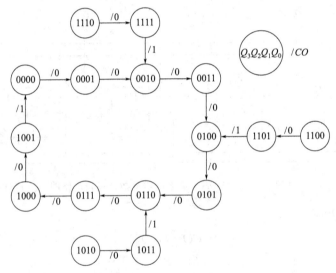

图 5-39 电路状态转换图

(2) 测试 74LS192 集成芯片的性能。

① 74LS192 集成芯片功能。74LS192 集成芯片为具有置数、加法计数、减法计数等功能的 8421 码十进制同步计数器。图 5-40 为 74LS192 集成芯片的引脚排列图及逻辑符号。

CR 为数据清除端,当 CR 为高电平"1"时,计数器直接清零;CR 为低电平"0"时,则执行其它功能。

$\overline{LD}$ 是置数控制端,当 CR 为低电平,置数端 $\overline{LD}$ 为低电平时,计数器"置数",从置数端 D_0、D_1、D_2、D_3 置入计数器。

$\overline{CO}$ 为非同步进位输出端,$\overline{BO}$ 为非同步借位输出端,D_0、D_1、D_2、D_3 为计数器输入端,Q_0、Q_1、Q_2、Q_3 为数据输出端,V_{DD} 接电源正极,V_{SS} 接地。74LS192 集成芯片的功能见表 5-39。

当 CR 为低电平，$\overline{LD}$ 为高电平时，执行计数功能。执行加计数时，减计数端 CP_D 接高电平，计数脉冲由 CP_U 输入；在计数脉冲上升沿进行 8421 码十进制加法计数。执行减计数时，加计数端 CP_U 接高电平，计数脉冲由减计数端 CP_D 输入，表 5-40 为 8421 码十进制加、减计数器的状态转换表。

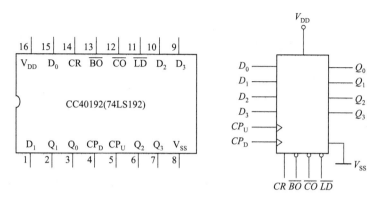

图 5-40 74LS192 引脚排列图及逻辑符号

表 5-39 74LS192 集成芯片功能表

输入								输出			
CR	$\overline{LD}$	CP_U	CP_D	D_3	D_2	D_1	D_0	Q_3	Q_2	Q_1	Q_0
1	×	×	×	×	×	×	×	0	0	0	0
0	0	×	×	d	c	b	a	d	c	b	a
0	1	↑	1	×	×	×	×	加计数			
0	1	1	↑	×	×	×	×	减计数			

表 5-40 8421 码十进制加、减计数器的状态转换表

加法计数 →

输入脉冲数		0	1	2	3	4	5	6	7	8	9
输出	Q_3	0	0	0	0	0	0	0	0	1	1
	Q_2	0	0	0	0	1	1	1	1	0	0
	Q_1	0	0	1	1	0	0	1	1	0	0
	Q_0	0	1	0	1	0	1	0	1	0	1

← 减计数

② 测试。所需设备与器件见表 5-41。

表 5-41 测试 74LS192 集成芯片所需设备与器件一览表

序号	名称	型号与规格	数量	备注
1	直流稳压电源	+5V	1 路	实训台上
2	逻辑电平输出			DDZ-22
3	逻辑电平显示器		1 个	DDZ-22
4	单次脉冲源		1 个	DDZ-22

序号	名称	型号与规格	数量	备注
5	14P 芯片插座		2个	DDZ-22
6	16P 芯片插座		1个	DDZ-22
7	集成芯片	74LS74	2片	
8	集成芯片	74LS192	1片	

测试内容与步骤：

a. 在 DDZ-22 上选取一个 16P 插座，按定位标记插好 74LS192 集成块，根据图 5-40 连接测试线路。

b. 将实训台的挂箱上 +5V 直流电源接 74LS192 的 16 脚，地接 8 脚。计数脉冲由单次脉冲源提供，清除端 CR、置数端 $\overline{LD}$、数据输入端 D_0、D_1、D_2、D_3 分别接逻辑电平开关，输出端 Q_0、Q_1、Q_2、Q_3 接逻辑电平显示输入插口；$\overline{CO}$ 和 $\overline{BO}$ 接逻辑电平显示输入插口。

c. 改变清除端 CR、置数端 $\overline{LD}$、数据输入端 D_0、D_1、D_2、D_3 的逻辑电平，观察 Q_0、Q_1、Q_2、Q_3 状态。

思考练习

（1）总结集成触发器构成计数器的方法。
（2）总结中规模集成电路计数器的使用及功能测试方法。

四、寄存器

寄存器是用来存放数据的电路，通常由具有存储功能的多位触发器构成。按照存取数据方式的不同，寄存器可分为数据寄存器和移位寄存器。数据寄存器只能并行输入和输出数据。移位寄存器中的数据可以在移位脉冲作用下依次左移或右移，数据既可以并行输入和输出，也可以串行输入和输出，而且还可以进行数据的串并转换，使用十分灵活。

1. 数据寄存器

如图 5-41 所示为 4 位数据寄存器。图 5-41 中，CP 为下降沿有效的时钟脉冲信号，所有 D 触发器的 CP 输入端连接在一起是同步数据寄存器。4 个 D 触发器的复位端连接在一

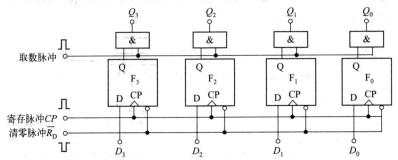

图 5-41 4 位并行数据寄存器

起，可同时置 0（清零）。数据寄存器正常工作时，清零脉冲为 1。D_0、D_1、D_2、D_3 为寄存器的 4 个并行输入端，Q_0、Q_1、Q_2、Q_3 为 4 个并行输出端。取数脉冲控制着 4 个与门的输出。

数据寄存器的工作原理如下：

（1）数据清零。在 $\overline{R_D}$ 端加负脉冲会使各触发器清零，即 $Q_0Q_1Q_2Q_3=0$。正常工作时，$\overline{R_D}$ 接高电平允许数据寄存。

（2）存放数据。$\overline{R_D}$ 接高电平，无论寄存器中原来的内容是什么，只要寄存控制脉冲 CP 上升沿到来，加在并行数据输入端的数据 D_0、D_1、D_2、D_3，就立即被送入寄存器中。

（3）保存数据。$\overline{R_D}$ 接高电平，CP 脉冲信号消失后，各触发器处于保持状态，寄存器保存数据。

（4）输出数据。各触发器的输出分别连接到 4 个与门电路的输入端，当取数脉冲到来后，寄存器的状态可以同时输出，即 $Q_3Q_2Q_1Q_0=D_3D_2D_1D_0$。

这种只能同时输入各位数据（并行输入）、同时输出各位数据（并行输出数据）的寄存器称为并行输入、并行输出数码寄存器。

2. 移位寄存器

移位是指每来一个 CP 时钟脉冲信号，寄存器的数据便移动一位。在移位脉冲的作用下，寄存器中各位的内容可依次向左或向右移动。移位寄存器可分为单向移位寄存器和双向移位寄存器。

单向移位寄存器按移动方向可分为左移（低位向高位移动）和右移（高位向低位移动）。

（1）右移寄存器。图 5-42 所示为 D 触发器组成的 4 位右移寄存器逻辑电路。在 4 位右移寄存器中，最高位 D 触发器的输入端 D_0 为串行数据输入端，最低位 D 触发器的输出端 Q_3 为串行数据输出端。

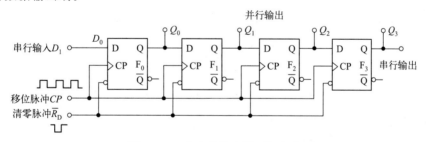

图 5-42　4 位右移寄存器逻辑电路

假设各触发器的初始状态均为零，某数据 1011 由数据输入端 D 按先低位后高位的顺序输入，则右移寄存器的移位过程如表 5-42 所示。

表 5-42　右移寄存器的状态表

CP	输入数据	Q_0	Q_1	Q_2	Q_3
0	0	0	0	0	0
1	1	1	0	0	0
2	0	0	1	0	0
3	1	1	0	1	0
4	1	1	1	0	1

(2) 集成移位寄存器。74LS194 为 4 位双向移位寄存器集成产品,其各引脚排列图如图 5-43 所示。

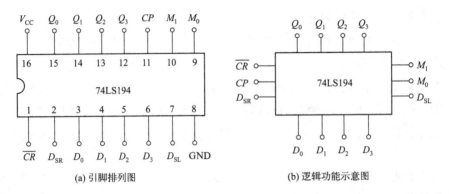

(a) 引脚排列图　　　　　　(b) 逻辑功能示意图

图 5-43　74LS194 引脚排列图

该寄存器数据的输入、输出均有并行和串行两种选择方式。D_{SL} 和 D_{SR} 分别是左移和右移串行输入端,$D_3 \sim D_0$ 是并行输入端;Q_0 和 Q_3 分别是左移和右移时的串行输出端,$Q_0 \sim Q_3$ 为并行输出端。其中 M_1、M_0 引脚共同决定着寄存器的工作方式。

集成移位寄存器 74LS194 是功能齐全的双向移位寄存器,其逻辑功能表如表 5-43 所示。

表 5-43　74LS194 双向移位寄存器逻辑功能表

$\overline{CR}$	M_1	M_0	CP	功能
0	×	×	×	清零
1	0	0	×	保持
1	0	1	↑	右移
1	1	0	↑	左移
1	1	1	↑	并行输入

① 功能说明:

a. 清零。$\overline{CR}=0$ 时各位触发器清零,即 $Q_0Q_1Q_2Q_3=0$。

b. 保持。当 $M_1M_0=0$ 或静态(CP 脉冲无效)时,移位寄存器处于保持状态。

c. 正常工作。

右移:当 $M_1=0, M_0=1$ 时,串行输入数据 D_{SR} 在时钟脉冲的作用下,依次送入各触发器,即 $D_{SR} \to Q_3 \to Q_2 \to Q_1 \to Q_0$。

左移:当 $M_1=1, M_0=0$ 时,串行输入数据 D_{SL} 在时钟脉冲的作用下,依次送入各触发器,即 $D_{SL} \to Q_3 \to Q_2 \to Q_1 \to Q_0$。

并行输入:当 $M_1=1, M_0=1$ 时,在时钟脉冲的作用下,并行输入数据 D_3、D_2、D_1、D_0 同时送入各触发器中。即各触发器的次态为 $(Q_3Q_2Q_1Q_0)^{n+1}=D_3D_2D_1D_0$。

② 性能测试。所需设备与器件见表 5-44。

表 5-44 测试集成移位寄存器 74LS194 所需设备与器件一览表

序号	名称	型号与规格	数量	备注
1	直流稳压电源	+5V	1 路	实训台
2	逻辑电平输出			DDZ-22
3	逻辑电平显示			DDZ-22
4	单次脉冲源		1 个	DDZ-22
5	16P 芯片插座		1 个	DDZ-22
6	集成芯片	74LS194 或 CC40194	1 片	

测试内容与步骤为：

a. 在 DDZ-22 上选取一个 16P 插座，按定位标记插好 74LS194 或 CC40194 集成块，根据图 5-43 连接实训线路。

b. 将实训挂箱上的 +5V 直流电源接 74LS194 或 CC40194 的 16 脚，地接 8 脚。$\overline{CR}$、M_1、M_0、D_{SL}、D_{SR}、D_3、D_2、D_1、D_0 分别接至逻辑电平开关的输出插口；Q_3、Q_2、Q_1、Q_0 接至逻辑电平显示输入插口。CP 端接单次脉冲源。

c. 改变不同的输入状态，逐个送入单次脉冲，观察并记录 $Q_3 \sim Q_0$ 状态，填入表 5-45 中。

表 5-45 测试数据记录表

清除	模式		时钟	串行		输入	输出	功能总结
$\overline{CR}$	M_1	M_0	CP	D_{SL}	D_{SR}	$D_3 D_2 D_1 D_0$	$Q_3 Q_2 Q_1 Q_0$	
0	×	×	×	×	×	××××		
1	1	1	↑	×	×	a b c d		
1	0	1	↑	×	0	××××		
1	0	1	↑	×	1	××××		
1	1	0	↑	1	×	××××		
1	1	0	↑	0	×	××××		
1	0	0	↑	×	×	××××		

 思考练习

(1) 使寄存器清零，除采用 $\overline{CR}$ 端输入低电平外，可否采用右移或左移的方法？可否使用并行送数法？若可行，如何进行操作？

(2) 若进行左移循环移位，请画出电路图。

任务四
认知及应用 555 定时器

任务描述

555 定时器是一种多用途的单片中规模集成电路。该电路使用灵活、方便，只需外接少量的阻容元件就可以构成单稳态触发器、多谐振荡器和施密特触发器，因而在波形的产生与变换、测量与控制、家用电器和电子玩具等许多方面都得到了广泛的应用。我们通过学习 555 定时器、设计单稳态触发器、设计施密特触发器和多谐振荡器，学会用 555 定时器设计单稳态触发器、施密特触发器和多谐振荡器，并能对它们进行性能测试，为我们在工程实践中熟练运用这些电路奠定基础。

一、555 定时器

在实际生产中，经常遇到时间控制问题，如电动机的延时启动和延时停止等，以 555 集成电路芯片为核心构成的时间继电器在电气控制设备中应用十分广泛。

555 定时器是一种将模拟电路和数字电路巧妙地结合在一起的数模混合集成电路。它具有价格低、控制能力强、运用灵活等特点，只需外接若干电阻、电容等元器件，就能构成定时器、施密特触发器、多谐振荡器等电路，完成脉冲信号的产生、定时、整形等功能。555 集成电路有 TTL 和 CMOS 两种类型。

555 定时器的内部结构及外引脚排列如图 5-44 所示，它由电阻分压器、比较器、RS 触发器、放电电路和输出级单元电路组成，该芯片采用双列直插式封装，有 8 个引脚。

下面我们来分析一下 555 定时器的工作原理：

当直接复位端 $\overline{R}$ 为 0 时，触发器置为 0 状态，$OUT=0$，直接复位端 $\overline{R}$ 为 1 时，555 定时器工作。

当复位控制端 TH 的输入电压大于 $\frac{2}{3}V_{CC}$，且置位控制端 $\overline{TR}$ 的输入电压大于 $\frac{1}{3}V_{CC}$

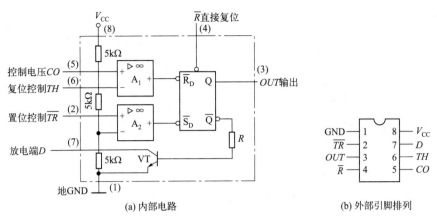

图 5-44 555 定时器的内部结构及外引脚排列

时，比较器 A_1 输出为低电平，A_2 输出为高电平，A_1 输出的低电平将 RS 触发器置为 0 状态，$OUT=0$，同时放电管 VT 导通。

当复位控制端 TH 的输入电压小于 $\frac{2}{3}V_{CC}$，且置位控制端 $\overline{TR}$ 的输入电压小于 $\frac{1}{3}V_{CC}$ 时，比较器 A_2 输出为低电平，A_1 输出为高电平，A_2 输出的低电平将 RS 触发器置为 1 状态，$OUT=1$，同时放电管 VT 截止。

当复位控制端 TH 的输入电压小于 $\frac{2}{3}V_{CC}$，且置位控制端 $\overline{TR}$ 的输入电压大于 $\frac{1}{3}V_{CC}$ 时，比较器 A_1、A_2 输出均为高电平，定时器的输出和放电管 VT 的状态保持不变。

根据以上分析，可以得到 555 定时器的功能表，见表 5-46。

表 5-46 555 定时器的功能表

输入			输出	
高电平触发（TH）	低电平触发（$\overline{TR}$）	复位（$\overline{R}$）	输出（OUT）	二极管 VT 的状态
×	×	0	0	导通
$<\frac{2}{3}V_{CC}$	$<\frac{1}{3}V_{CC}$	1	1	截止
$>\frac{2}{3}V_{CC}$	$>\frac{1}{3}V_{CC}$	0	0	导通
$<\frac{2}{3}V_{CC}$	$>\frac{1}{3}V_{CC}$	1	不变	不变

二、设计单稳态触发器

单稳态触发器具有一个稳定状态和一个暂稳状态，无触发时电路处于稳定状态。单稳态触发器可以应用到脉冲延时和脉冲定时电路中。

如图 5-45 所示，经过单稳态触发器的延迟，u_O 的下降沿比 u_I 的下降沿延迟了 t_W（秒），达到了脉冲延时的目的。

如图 5-46 所示，利用单稳态触发器的输出作为与门的一个输入信号，使得与门的另一个信号 u_A 在暂稳态高电平的 t_W 期间才能通过，达到定时的目的。

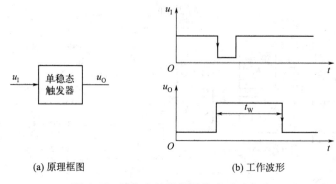

(a) 原理框图　　　　　(b) 工作波形

图 5-45　单稳态触发器的脉冲延时电路

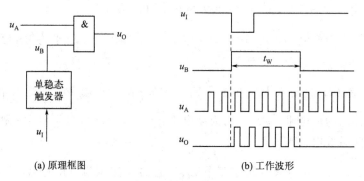

(a) 原理框图　　　　　(b) 工作波形

图 5-46　单稳态触发器的脉冲定时电路

1. 用 555 定时器构成单稳态触发器的工作原理

如图 5-47(a) 所示，将 555 定时器的低触发端 $\overline{TR}$ 作为输入端 V_I，再将高触发端 TH 和放电管输出端 D 并接在一起，并与定时元件 R、C 连接，就可以构成一个单稳态触发器。

如图 5-47(a) 所示，稳态时，V_I 为高电平。接通电源后，电源通过 R 对电容充电，V_C 上升到 $\frac{2}{3}V_{CC}(TH=V_C)$，使输出为 0，放电管 VT 导通。电容放电，$TH$ 变为 0，因而电路维持原状态，即稳态 $V_O = 0$。

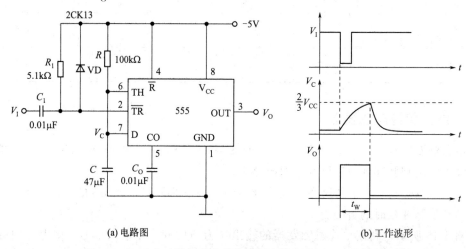

(a) 电路图　　　　　(b) 工作波形

图 5-47　555 定时器构成的单稳态触发器电路图及工作波形

当触发器 V_I 的下降沿到来时，由于 $\overline{TR}$ 的电压小于 $\frac{1}{3}V_{CC}$，$TH=V_C=0$，输出端 OUT 为高电平，电路进入暂稳态，此时放电管 VT 截止。V_{CC} 通过 R 对 C 充电，当 $TH=V_C>\frac{2}{3}V_{CC}$ 时（此时触发信号已撤销，$V_I=1$），输出端 OUT 跳变为低电平，电路自动返回稳态，此时放电管 VT 导通。C 通过导通的放电管 VT 放电，使电路迅速恢复到初始状态。电路的工作波形如图 5-47(b) 所示。

2. 性能测试

（1）所需设备与器件见表 5-47。

表 5-47　测试用 555 定时器构成单稳态触发器性能所需设备与器件一览表

序号	名称	型号与规格	数量	备注
1	直流稳压电源	+5V	1 路	实训台上
2	信号源		1 个	实训台上
3	频率计		1 个	实训台上
4	双踪示波器		1 台	自备
5	逻辑电平输出			DDZ-22
6	逻辑电平显示			DDZ-22
7	单次脉冲源		1 个	DDZ-22
8	计数脉冲		1 个	DDZ-22
9	14P 芯片插座		1 个	DDZ-22
10	电容	0.01μF、0.1μF、47μF	各 1 个	DDZ-21
11	二极管	1N4148	1 个	DDZ-21
12	电阻	100kΩ、1kΩ、5.1kΩ	各 1 个	
13	集成芯片	555	1 片	

（2）测试内容与步骤。

① 按图 5-47 连线，取 $R=100\text{k}\Omega$，$C=47\mu F$，输入信号 V_I 由单次脉冲源提供，用双踪示波器观测 V_I、V_C、V_O 的波形。

② 将 R 改为 $1\text{k}\Omega$，C 改为 $0.1\mu F$，输入端加 1kHz 的连续脉冲，观测 V_I、V_C、V_O 的波形。

（3）分析、总结测试结果。

三、设计施密特触发器

施密特触发器是脉冲波形变换中经常使用的一种电路，它的电压传输特性如图 5-48 所示，具有以下特点：

a. 滞回特性，即对于正向和负向变化的输入信号分别有不同输入阈值电压，并且输入信号小时阈值电压大，输入信号大时阈值电压小，因而抗干扰能力强。

b. 在电路状态转换时，通过电路内部的正反馈过程使输出电压波形的边沿变得十分陡峭。

利用这两个特点不仅能将边沿变化缓慢的信号波形整形为边沿陡峭的矩形波，而且可以将叠加在矩形脉冲高、低电平上的噪声有效地加以清除。

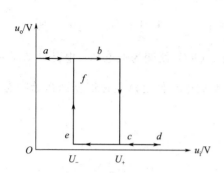

图 5-48 施密特触发器的电压传输特性

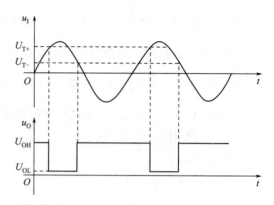

图 5-49 施密特触发器用于波形变换

利用施密特触发反相器可将正弦输入信号转换为矩形脉冲输出信号，如图 5-49 所示。

在数字系统中，矩形脉冲经传输后往往发生波形畸变，图 5-50 给出了几种常见的情况。只要施密特触发器的阈值电压设置合适，都可以使用施密特触发器整形而获得比较理想的矩形脉冲波形。

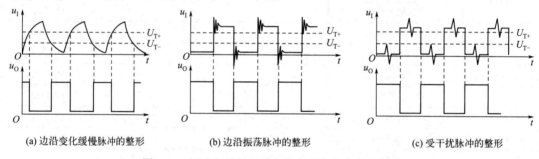

(a) 边沿变化缓慢脉冲的整形　　(b) 边沿振荡脉冲的整形　　(c) 受干扰脉冲的整形

图 5-50 用施密特触发反相器实现脉冲整形示意图

1. 用 555 定时器构成施密特触发器

将 555 定时器的高触发端 TH 和低触发端 $\overline{TR}$ 连在一起作为输入端，就可以构成一个反相输出的施密特触发器，如图 5-51(a) 所示。

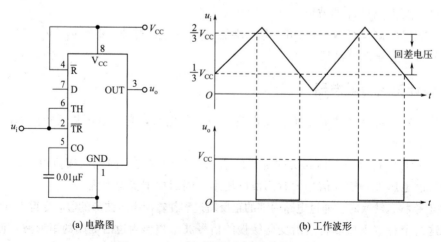

(a) 电路图　　　　　　　　　(b) 工作波形

图 5-51 555 定时器构成的施密特触发器

设输入信号 u_i 为三角波。当 $u_i < \frac{1}{3}V_{CC}$ 时，输出 $u_o = 1$；当 $\frac{1}{3}V_{CC} < u_i < \frac{2}{3}V_{CC}$ 时，输出保持为 1；当 $u_i > \frac{2}{3}V_{CC}$ 时，输出翻转为 $u_o = 0$。之后 u_i 继续变化，在未下降到 $\frac{1}{3}V_{CC}$ 之前，输出仍为 0；当 $u_i < \frac{1}{3}V_{CC}$ 时，输出翻转为 $u_o = 1$，工作波形如图 5-51(b) 所示。

由分析可见电路两次翻转阈值电压不同，上限阈值电压 $U_{T+} = \frac{2}{3}V_{CC}$，下限阈值电压 $U_{T-} = \frac{1}{3}V_{CC}$，回差电压 $\Delta U = \frac{1}{3}V_{CC}$。

2. 性能测试

(1) 所需设备与器件见表 5-48。

表 5-48 测试施密特触发反相器性能所需设备与器件一览表

序号	名称	型号与规格	数量	备注
1	直流稳压电源	+5V	1路	实训台上
2	信号源		1个	实训台上
3	频率计		1个	实训台上
4	双踪示波器		1台	自备
5	逻辑电平输出			DDZ-22
6	逻辑电平显示			DDZ-22
7	单次脉冲源		1个	DDZ-22
8	计数脉冲		1个	DDZ-22
9	14P芯片插座		1个	DDZ-22
10	电容	0.01μF	1个	DDZ-21
11	二极管	1N4148	1个	DDZ-21
12	电阻	10kΩ	1个	DDZ-21
13	集成芯片	555	1片	

(2) 测试内容与步骤。按图 5-51 接线，u_i 接实训台上的正弦波，预先调好 u_i 的频率为 1kHz。将输入信号和输出端信号接双踪示波器，接通电源，逐渐加大 u_i 的幅度，观测输入信号、输出信号的波形。

(3) 分析测试结果，总结施密特触发反相器工作原理及主要用途。

四、设计多谐振荡器

多谐振荡器是一种典型的矩形脉冲产生电路，在接通电源后，无须外加触发信号便能自动地产生矩形脉冲信号。由于输出的矩形波中含有多种高次谐波分量，所以称为多谐振荡器。

1. 用 555 定时器构成多谐振荡器

利用 555 定时器构成的多谐振荡器电路和工作波形如图 5-52 所示。

如图 5-52(a) 所示,接通电源后,电容 C 被充电,在未上升至 $\frac{2}{3}V_{CC}$ 之前,输出端 $u_o=1$,放电管 VT 处于截止状态;当 u_C 上升到 $\frac{2}{3}V_{CC}$ 时,输出翻转为 $u_o=0$,同时放电管 VT 导通,电容 C 通过 R_2 和 VT 放电,使得 u_C 下降,在下降至 $\frac{1}{3}V_{CC}$ 之前,输出保持为 0;当 u_C 下降到 $\frac{1}{3}V_{CC}$ 时,输出翻转为 $u_o=1$,放电管 VT 截止,电容 C 重新充电,使 u_C 上升。如此周而复始,电路便振荡起来。电路的工作波形如图 5-52(b) 所示。其振荡周期为

$$T=t_{WL}+t_{WH}=0.7(R_1+2R_2)C$$

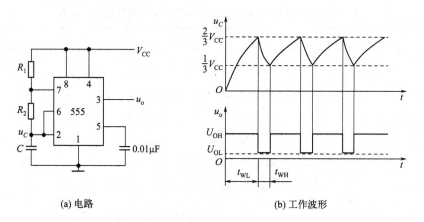

(a) 电路　　　　　　　(b) 工作波形

图 5-52　由 555 定时器构成的多谐振荡器电路和工作波形

2. 性能测试

(1) 所需设备与器件见表 5-49。

表 5-49　用 555 定时器构成的多谐振荡器测试所需设备与器件一览表

序号	名称	型号与规格	数量	备注
1	直流稳压电源	+5V	1路	实训台上
2	信号源		1个	实训台上
3	频率计		1个	实训台上
4	双踪示波器		1台	自备
5	逻辑电平输出			DDZ-22
6	逻辑电平显示			DDZ-22
7	单次脉冲源		1个	DDZ-22
8	计数脉冲		1个	DDZ-22
9	14P 芯片插座		1个	DDZ-22

续表

序号	名称	型号与规格	数量	备注
10	电容	$0.01\mu F$、$0.1\mu F$	各1个	DDZ-21
11	二极管	1N4148	1个	DDZ-21
12	电阻	$5.1k\Omega$	2个	DDZ-21
13	集成芯片	555	1片	

（2）测试内容与步骤。按图5-52(a)接线，用双踪示波器观测输入信号与输出信号的波形，测定频率。

（3）分析测试结果，并总结555定时器的工作原理及其应用。

参考文献

[1] 刘介才. 工厂供电. 北京：机械工业出版社，2004.
[2] 《职业技能鉴定教材》《职业技能鉴定指导》编审委员会. 维修电工. 北京：中国劳动社会保障出版社，2005.
[3] 张志恒. 电子技术基础. 北京：化学工业出版社，2019.
[4] 徐淑华. 电工电子技术：4版. 北京：电子工业出版社，2017.
[5] 陈新龙，胡国庆. 电工电子技术基础教程：3版. 北京：清华大学出版社，2021.
[6] 程继航. 电工电子技术基础. 北京：电子工业出版社，2016.
[7] 邱勇进. 电工基础. 北京：中国电力出版社，2016.
[8] 王兰君. 电工基础自学入门. 北京：电子工业出版社，2017.
[9] 中国航空工业规划设计研究院. 工业与民用配电设计手册：3版. 北京：中国电力出版社，2005.
[10] 张振文，张校铭. 电工手册. 北京：化学工业出版社，2017.
[11] 周南星. 电工基础：三版. 北京：中国电力出版社，2016.
[12] 图说帮. 电工电路. 北京：中国水利水电出版社，2021.
[13] 刘介才. 安全用电实用技术. 北京：中国电力出版社，2006.
[14] 方大千，方立，方成，等. 电工控制电路图集. 北京：化学工业出版社，2016.
[15] 孙洋，马亮亮. 电动机维修实用手册. 北京：化学工业出版社，2021.
[16] 杨清德. 电动机控制电路400问. 北京：科学出版社，2013.
[17] 中国电力企业联合会标准化部. 电力工业标准汇编. 北京：中国电力出版社，2008.